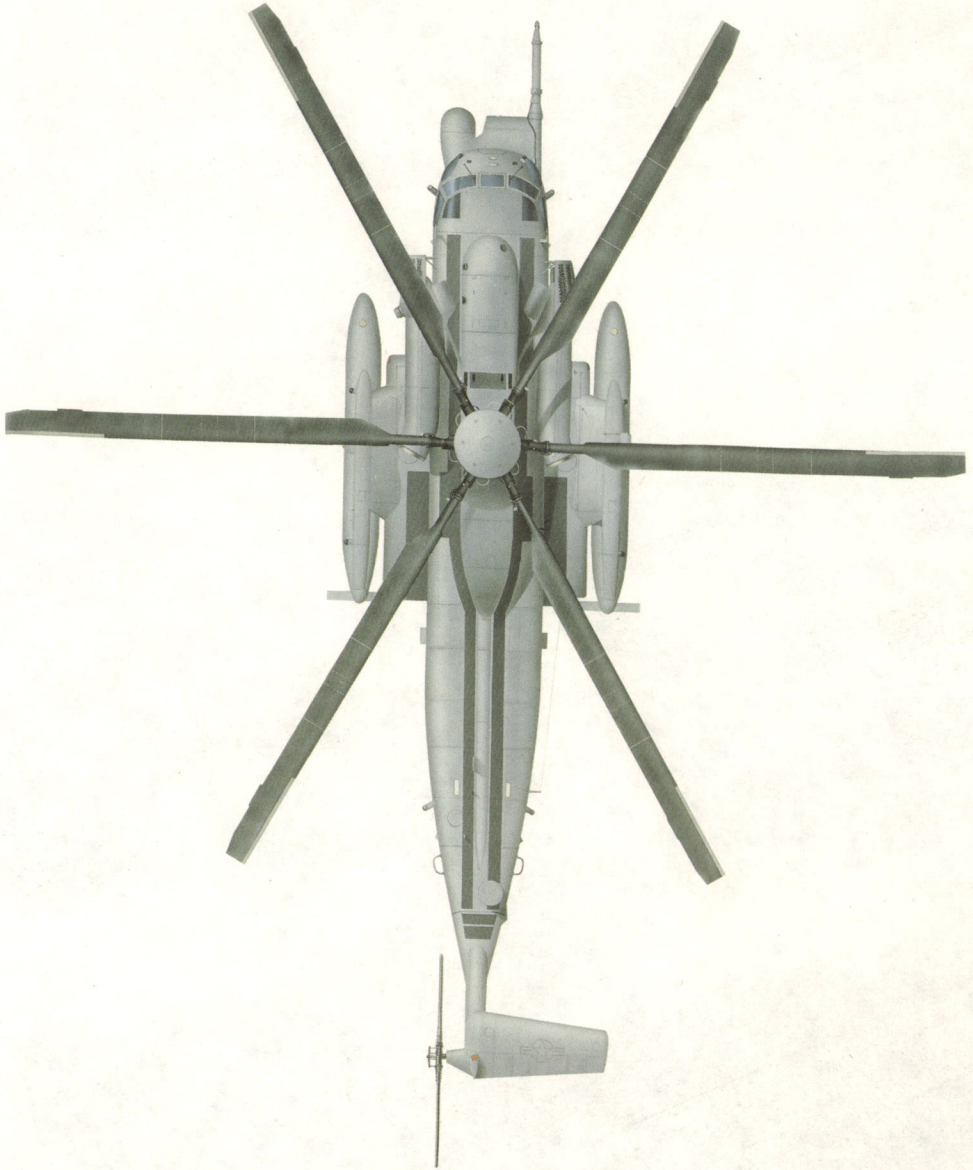

MODERN AMERICAN
AIRCRAFT

现代美国战机·3

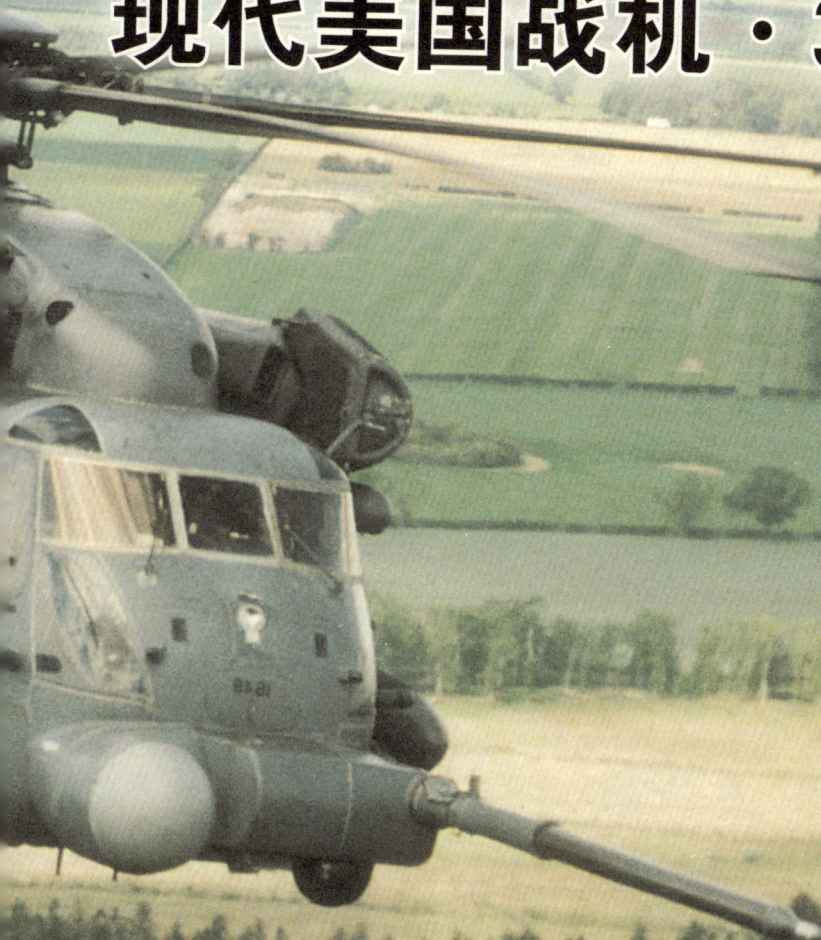

〔英〕保罗·艾登 著 王凯晨 译

中国市场出版社
China Market Press

图书在版编目（CIP）数据

现代美国战机·3/（英）艾登著；王凯晨译.—北京：中国市场出版社，2014.1
（深度系列）

ISBN 978-7-5092—1109-0

Ⅰ.①现… Ⅱ.①艾… ②王… Ⅲ.① 军用飞机-介绍-美国-现代 Ⅳ.①E926.3

中国版本图书馆CIP数据核字（2013）第153250号

著作权合同登记号：图字 01—2009—7546

出版发行	中国市场出版社
社　　址	北京月坛北小街2号院3号楼　　邮政编码　　100837
出版发行	编 辑 部（010）68034190　　　　读者服务部（010）68022950
	发 行 部（010）68021338　68020340　68053489
	68024335　68033577　68033539
	总 编 室（010）68020336
	盗版举报（010）68020336
邮　　箱	1252625925@qq.com
经　　销	新华书店
印　　刷	北京九歌天成彩色印刷有限公司
规　　格	170毫米×230毫米　16开本　版　次　2014年1月第1版
印　　张	14　　　　　　　　　　　印　次　2014年1月第1次印刷
字　　数	210千字　　　　　　　　定　价　58.00元

版权所有　侵权必究　　印装差错　负责调换

CONTENTS

目 录

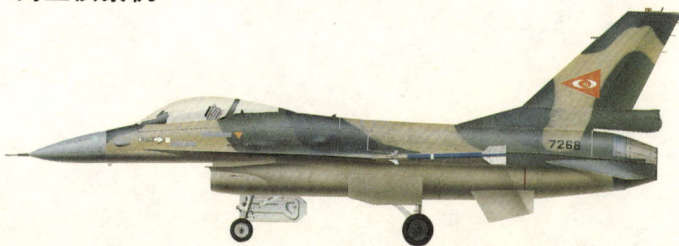

CONTENTS

CONTENTS

本页图：一支第337战斗拦截中队的F104单座战斗机编队飞过海湾大桥上空，从高空俯视旧金山港。事实证明该款战斗机并没有达到防御美国本土的预期的效果，所以只在美国空军中度过简短的一段时光。

洛克希德F-104星式战斗机
Lockheed F-104 Starfighter

简介
Introduction

F-104战斗机设计于20世纪50年代，朝鲜战争刚刚结束之后，作为一款轻型、单座以及拥有令人惊艳的飞行性能的空中格斗战斗机，洛克希德公司的F104最终被发展为一款具有全天候性能的先进拦截轰炸机。直到现在，部分作战前线仍然在使用F104战斗机，后续的升级改造将会使得它的存在继续延续，或许能到2010年。

很少有飞机像F-104星式战机一样能够激起如此强烈的感情，爱恨交织或者既兴奋又恐惧。立足于创造一款卓越的具有全球打击能力的空中格斗战斗机，设计团

上图：尽管已经拥有了"狂风"战斗机和AMX战斗机（意大利、巴西联合研制的单座单发超音速轻型攻击机），但是意大利空军在作战前线依然部署了F-104战斗机。为执行空中巡逻任务，F-104战斗机采取了与"狂风"F.MK 3战斗机相协调的方式来完成任务。其中，"狂风"F.MK 3为星座式战斗机提供额外的拦截功能雷达信息。

队的天才设计师们彻底的失败了。但是结果证明该款飞机低空攻击和空中侦察性能相当突出，洛克希德公司热衷于改进版本的优异效果，除此之外，实际上，在随后的20多年中，美国空军热衷于向其他国家促销战斗机，改进款星式战机已经成为北大西洋公约组织欧洲国家空军和日本空军的主要战术作战飞机。

朝鲜战争的教训

一切从凯利·约翰逊，洛克希德飞机公司首席工程师，于1952年的一次朝鲜访问说起。他发现，即使是F-86中队也士气低沉，因为相比于米格-15"柴捆"，该机型在爬升高度和参战数量上都处于下风。这些因素促使约翰逊设计一款性能尽可能高的战斗机，即使以牺牲航程和载弹量为代价。约翰逊返回到坚持以性能优先几乎不计代价的路线。洛克希德公司于1952年1月主动向美国空军提交了83号飞机。1953年3月11日，美国空军发函件签约了两架XF-104飞机，编号为53-7786/7。第一架由一台推力估计为8000磅

（35.6千牛）的J65发动机驱动，于1954年2月28日首飞。第二架由一台开加力燃烧助推时推力约为11500磅（51.16千牛）的J65发动机驱动，于1954年9月5日首飞。J65设计初衷是一款过渡发动机，仅仅为在等待通用电气公司的动力更强劲的J79出现前使用，暂且不考虑这些，60000英尺（18288米）高度、1.7倍马赫数飞行速度很快就实现了。但是坏消息是，XF-104飞机的确是少有的一款要求持续精细控制的飞机。这些让人费心的飞行特性很快就反映在装备服役的F-104飞机身上，许多星式战斗机飞行员可能由此丧失生命。

1954年7月，美国空军谨慎地签署了17架YF-104A飞机的合同，这些飞机与F-104非常接近，由一台J79-GE-3型发动机驱动。飞机由位于旧金山附近的汉密尔顿空军基地的第83战斗拦截机飞行中队接收，用来进行试验/改进研究。总共有610架F-104A飞机订单，但是实际只生产了仅仅153架。到1960年这些飞机逐步被淘汰出美国空军现役部队，但是在1961—1962年的柏林危机和古巴危机时被重新召回。同样命运的还有计划的112架的F-104B串列教练型飞机合同，最终仅生产了26架。从这个时间点看来，洛克希德公司的星

式战斗机似乎已经失败，但是洛克希德公司认识到或许美国空军并不是自己真正的客户，仅是非常次要的一个。所以，他们着手组建一支强有力的营销团队去努力开拓海外市场，他们对外宣称，虽然美国空军不采纳F-104，改进的星式战斗机（目前可飞行的）依然能够成为天空中最伟大的战机。他们称之为超级星式战斗机（F-104G），配备有一台大功率动力装置，NASSRR火控雷达，加强的机身和新的任务设备。北大西洋公约组织成员国很快接收F-104星式战斗机服役，不少于9个北大西洋公约组织空军装备了F-104战斗机：加拿大、西德（联邦德国）、荷兰、比利时、意大利、土耳其、希腊、挪威和丹麦。而且比利时、荷兰、意大利、联邦德国和加拿大被授权许可生产该款飞机。

不公正的声誉

许多装备星式战斗机的空军都存在许多问题，但是在西德，无论是空军还是海军陆战队，F-104G飞机的损失都达到了非常危险的境地。截至1969年，西德在10年间已经损失了超过了100架星式战斗机。无论如何，这种事态需要在后续受到关注。西德是世界上主要的星式战斗机装

上图：由于其高速、高空、爬升性能等突出的飞行能力，星式战机成为美国国家航空和宇宙航行局飞行试验机队的非常适合的选择。星式战机由美国爱德华兹空军基地德雷登飞行研究中心进行试验运行，服役到1983年，直到它被F/A-18"大黄蜂"战斗/攻击机代替。具有讽刺意味的是在"大黄蜂"的发展过程中F-104战斗机以驱逐机的身份服役。

备国家，已经装备的飞机有917架之多，作为比较，美国装备294架F-104G飞机，加拿大239架，意大利149架。当将西德损失的飞机以装备飞机数量的百分比来看时，这并不比其他装备F-104飞机国家的损失百分比大。

跳出欧洲范围，主要的装备者是日本，其获得授权许可，生产了200架F-104J单座型和F-104DJ双座型星式战斗机，于1964年被命名为JASDF服役。前美国空军

的星式战斗机提供给了巴基斯坦、中国台湾和约旦，同时，西班牙于1965年从美国获得了21架F-104Gs和TF-104G教练机，作为美国使用西班牙空军基地的回报。

在星式战斗机服役的岁月中并没有遇到大规模空战的场景，虽然中国台湾空军有数次和中国大陆战斗机空战的例子，但是仅获得少有的几次胜利。在1965年，印度—巴基斯坦战争期间，巴基斯坦的一个星式战斗机中队以最少一架战斗机的损失获得了几场胜利。

他们眼中的明星

撇开不公正的声誉，F-104星式战斗机依然在意大利空军的前线服役，虽然是经过大幅度改进的。被称为F-104S的星式战斗机首次服役时所欠缺的问题在"S"版中被解决了，增加了机身挂架，改良了雷达装置（具备了下视能力，战斗机能够锁定并向下攻击目标），1997年间，F-104S进行了升级改造以F104S-ASAM示众。

随着欧洲战斗机的交付延时，凯利·约翰逊的"载人导弹"将成为下个世纪（21世纪）欧洲天空中一道持续的风景。截止到目前，洛克希德的星式战斗机将会成为历史上服役时间最长的战斗机。

洛克希德F-117"夜鹰"战机
Lockheed F-117 Nighthawk

简介
Introduction

非同寻常的外形，革命性的攻击特性雷达装置，"最高机密"、"沙漠风暴"行动中的星光闪耀和继而令人艳羡的发展，使得洛克希德公司的F-117成为世界上最有名气的作战飞机。

十年前，当F-177展露在世人面前的时候，它是个未解之谜，某种程度上可以称之为奇迹。现在它已经成为一款逐步衰老的特殊用途军用飞机。

当它解开神秘的面纱时，F-117被称作科学技术突破的标志，只需它完成一项任务就足够说明。现在看来，批评者认为

曾经的革命性军用飞机已经衰老了，飞行速度慢，而且花费代价高，赋予它的能力仅仅能够完成一项任务。即使F-117的功能单一，但是其每次执行任务既令人惊叹又壮丽辉煌，可以预见其退役后的评论必然得到高度赞扬。

F-117是第一款服役的利用低可探测

上图：一架第49战斗机联队的"黑色喷气机"安详地巡航在美国新墨西哥州霍罗曼空军基地司令部附近的白沙国家公园。

性的军用飞机，或者称为隐身技术，利用科技手段减小其容易被雷到侦测的弱点。虽然被称作战斗机，但是其设计意图是对高危险环境下的重要目标发动轰炸打击。洛克希德的F-117项目来源于冷战时期的"黑色"计划，而且是在史无前例的高度保密条件下进行的。

右图：隐形飞机驾驶员被认为是飞机驾驶员中的精英，许多人都在老一代攻击机中完成了数千小时的飞行任务，例如F-111飞机、A-7飞机和A-10飞机。存在许多关于驾驶室能见度范围缺陷的评论，这是由于F-117的沉重的座舱盖导致的。

F-117的任务很独特：攻击小范围的、防护良好的目标，用五角大楼的术语讲是重要影响力目标。这意味着，它们的杀伤将会达到超出敌人实际价值的打击目的。一个典型的任务案例也许是对敌方的指挥、控制、通信和情报系统（C3I）组织通过精确制导炸弹进行"斩首行动"打击。F-117其他的打击目标或许是核设施储存地，关键性桥梁和隧道，或者是重要的领导人总部所在地。

F-117采用楔形外形、V形尾翼，并且在外表面采用了具有能够吸收雷达波的复合材料，因为采用了低可探测性外形来降低飞机的雷达反射截面（RCS），所以飞机的外表丑陋。应用雷达波吸收材料使

上图：从正前方观测，F-177A经常被描述为类似于"星际战争"中的某种东西。从这个角度来看，厚重的框架构成了驾驶舱和它下部的架构，从武器舱伸出一对挂架来挂载设备。

得雷达探测到的飞机变得模糊，同时棱角分明的外形由于方位角不同使得雷达信号发生不规则"漫反射"。

这种棱角分明的外形来源于一种大家熟知的技术，叫做多边形化的三维处理技术，它容许计算机技术参与飞机设计，在这个实例中，最大限度地采用了前部表面"楔形角"和机身尖锐角，消除曲面等结果方式来漫反射雷达回波。机身蒙皮壁板被分割成许多小的、完全平直的面，用来反射敌方的来自地面和机载雷达的多种角

面之前。喷出的尾焰位于机尾的上方有助于遮挡热辐射，避免下方的侦察。

隐身飞机试验

F-117的驾驶员处于一个很小的驾驶舱，挡风玻璃置于分割的平面上，前方一个视窗，两侧各有一个互不相同的视窗。飞行员有一块传统的平视显示器显示飞行信息和红外线图像信息，平视显示器的下方是一个雷达和显示模式选择的前上方控制板。在主控制面板上，标准化的多功能显示系统（MFDs）安装于巨大的阴极射线管屏幕两侧。位于飞机机鼻处的四个突出的探针是大气数据传感器，用来测量气流速度和海拔高度。F-117具备四余度线传飞控系统。

在20世纪70年代期间，美国国防部高级研究计划局（DARPA）和美国空军抱着创造一款雷达隐形军用飞机来改变空战模式的雄心，在高度保密的情况下进行着低可探测性技术研究。概念验证飞机"海弗兰"（Have Blue）的飞行试验后，紧接着与之类似的项目"大趋势"（Senior Trend）被提出来，发展为更大的F-117。

1978年确定继续开展全尺寸的预生产

上图：如果"夜鹰"要执行远程目标打击任务，进行空中加油是必不可少的内容。在雷达静默状态下进行空中加油是常规训练科目，而且在夜间进行这种操纵时，照明仅仅由驾驶舱上部的微弱光亮提供。

度的搜索信号。

为了提高飞机的隐身性能，将发动机喷口置于机身上部，沿着机翼根部，尾翼

上图：F-117A的近期规划是确定的，但是F-117B的规划并没有制定。这是一款进行了重大改进的新模型，以期达到大幅度提高载弹量和具备更先进的系统。A/F-117X是为海军部门设计的版本，它也是基于这款飞机的。

型飞机，并且大量利用其他型号飞机部件来降低潜在风险。

项目在绝对保密的情况下运行，飞机在向世人公开存在之前，已经飞行了将近8年。最终美国空军于1988年11月公布了一些有限的信息和质量很差的图片。飞行测试起初在内华达州的马夫湖，后来移到托诺帕。

在1989年12月刚刚服役期间，两架F-117As携带2000磅（907千克）的BLU-109B炸弹，从内华达起飞直达巴拿马攻击了蕾哈托兵营。打击的精度成为讨论的话题，但是无论如何，F-117的系统如洛克希德所计划的那样开始工作了。

沙漠风暴行动

1991年1—2的海湾战争，以F-117轰炸巴格达防空控制中心作为开始。美国空军关于此次行动和另外一次任务后的报告指出，伊拉克军队不能发现F-117入侵，经常要等到炸弹爆炸才开始射击。美国空军得出结论，已经充分证明F-117能以580英里/小时（933千米/小时）的速度够长驱直入目标，在外形显露前确认目标，然后精确打击目标。F117的"隐形"特性，使得其能够在沙漠风暴行动期间的42天中执行危险任务共1271次而无一受损。

F–117的由来：海弗兰
F-117 Development: Have Blue

发展成熟的飞行在所谓的"黑色世界"中的海弗兰（Have Blue），其不同寻常的能力数年间依然是高度保密的。

下图：一张飞行中的海弗兰（Have Blue）1002号机的图片显示，机腹十分平滑。特别值得注意的是前缘大后掠角，以及机尾的可活动的鸭嘴结构和可向下收起的刀状天线。

作为F-117隐形战斗机的前辈，Have Blue技术验证机依然是美国"黑色天空计划"中的机密内容，即使"隐形战斗机"已经在美国各地航空展中亮相，

上图：飞机的内部模型非同寻常的外形，是为了确保敌方防空系统所获得的Have Blue飞机的雷达发射面积足够小，该模型用来进行风动试验测试。

一切皆为隐形

Have Blue与之前的所有的飞机都不同，根据设计者的描述，Have Blue的开发和随后的飞行测试可以算得上是继洛克希德SR-71黑鸟之后美国空军最为机密的项目之一，

1975年8月，洛克希德和诺斯罗普公司受邀参与开发设测试一款称作"实验生存能力平台"（XST）的飞机。两架厂商都设计了轻型、单座飞机，诺斯罗普公司的实验验证机采用了结合曲面与平面的形式来减小雷达反射截面。由于其外形

与圣地亚哥海洋世界公园的著名食人鲸相似，这个设计经常被称作"杀人鲸"（Shamu）。

洛克希德公司采用了一种更令人瞠目的方式。他们采用了平板和小平面的形式来散射雷达波，这样的设计被大家冠以"绝望钻石"的绰号。1976年4月，Have Blue验证项目的雷达测试结果使得洛克希德公司获得胜利。

设计特点

除了验证机的外形外，飞机的外表面喷涂了雷达波吸收材料（RAM），后来在

上图：20世纪80年代，市面上的传闻和美国空军的信息泄露，使得航空爱好圈人士热切地期望发掘隐形技术的秘密。一些航空设计师们提出来许多关于这个涉密的飞机的概念草图和设想外形，不过等到F-117解密公布后，所有设想都被证实是不符合实际的。

飞机的座舱盖亦采用了特殊功效涂料，使得其对于雷达来讲和金属一样。

洛克希德制造了两架内部概念验证样机，历经数月在伯班克完工。Have Blue是一款亚音速、单座飞机，其外表丑陋不堪入目。由两台取自一架T-2B教练机的通用电气公司的J85-GE-4A发动机驱动。

虽然Have Blue比大多数战斗机要长，但是无论如何还是很小。这个外形奇特的新飞机的总重在9200～12500磅之间（4173～5669千克）。如此的轻质量设计使得Have Blue能够利用F-5"自由战士"

的起落架。

首次发动机着车于1977年11月4日在洛克希德的伯班克工厂完成。为了保守秘密，飞机停放于两辆半独立式拖曳旅行车之间，并覆盖了伪装网。滑跑在夜间机场关闭后进行。当地的居民曾经抱怨声音吵闹，但是毕竟Have Blue的秘密被完全的保护住了。从这以后，飞机被严实包裹，秘密转移至内华达州荒漠的测试场。这个荒凉的机场已经投入大量的资金兴建机库和改善跑道，是特意为隐形飞机的开发而准备的。

荒漠中的秘密

仅仅在合同签署后的20个月，XST-1于1977年12月1日进行了首飞任务，如大家所知，该飞机完成了35次飞行，在第36次飞行准备降落时，起落架系统故障迫使试飞员比尔·帕克放弃飞机。这次事故过程中帕克受伤导致他从高速喷气飞行中退役。

第二架Have Blue于1978年7月20日首飞，进行了改进，引入了前起落架滑行控制，而且加装了前一款取消了的反螺旋伞。得益于这些改进，HB1002号飞机在接下来的12个月中完成了52次飞行。

在完成了数次的飞行试验后，1979年

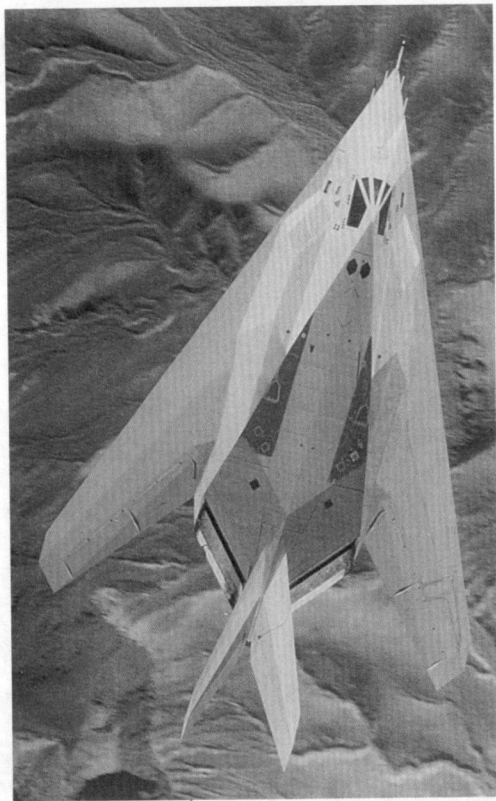

上图：一架位于马夫湖的跑道上的早期的全尺寸发展型（FSD）"隐形战斗机"正在为飞行试验做准备。出于在野外隐蔽飞机的考虑，这架飞机采用了三色迷彩涂装。

7月建立了一个模拟防御雷达装置，对隐形概念进行最后的评判。

不幸的是，在这次试验之前，HB1002号发生了发动机空中起火迫使飞行员在尝试了各种挽救手段后弃机逃生。

HB1002号飞机损失后，两架飞机被运送到内华达偏远的荒漠中，并深埋于灌木丛之下。

撇开令人难忘的损毁，Have Blue打开了未来隐形飞机设计的大门。毋庸置疑，Have Blue项目为F-117"隐形战斗机"的成功贡献了很多。

左图：制造5架全尺寸发展原型飞机（FSD），就是大家熟知的YF-117A，对于Have Blue飞机意义重大。试验机队起初采用全灰色涂装，直到美国空军要求所有的F-117A飞机都应当采用家族式的黑色涂装。

"海弗兰"（Have Blue）HB 1001号

　　这张三视图显示了早期两架"海弗兰"（Have Blue）试验验证机中的第一架样机，其为全尺寸"隐形战斗机"的设计铺平道路。它采用这种奇特的涂装来掩饰其独特的多平面造型，尽管到了第二架"海弗兰"（Have Blue）便采用了全灰色涂装。与其他不同的是，HB 1001号飞机的机鼻处安装有一个巨大的传感器。

撑杆测试

　　HB1002号飞机在工作任务环境中对抗真实雷达是漫长的雷达反射截面（RCS）测试项目的最高潮，在这之前，是以微小模型、三分之一模型以及全尺寸模型的撑杆测试开始的。这些测试结果表明雷达"耀斑"面积与雷达反射率关系很大。

外形

　　"海弗兰"（Have Blue）证实了多平面设计概念，并以此构成了飞机的基本外形。最大的不同在于移至机身两侧的向内倾斜的尾翼，而且比生产型飞机更靠前。前缘后掠角也达到惊人的72.5°。

系统

　　"海弗兰"（Have Blue）利用了许多其他飞机的现有系统，包括来自于F-16的线传飞控系统。飞机还采用了F-16的旁置操作杆，而起落架则来源于诺斯罗普的F-5。两台发动机则来自罗克韦尔公司的T-2B Buckeye。

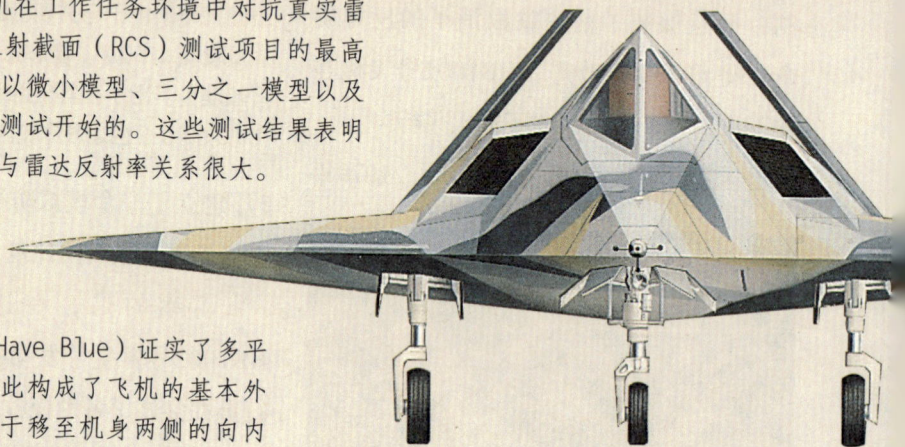

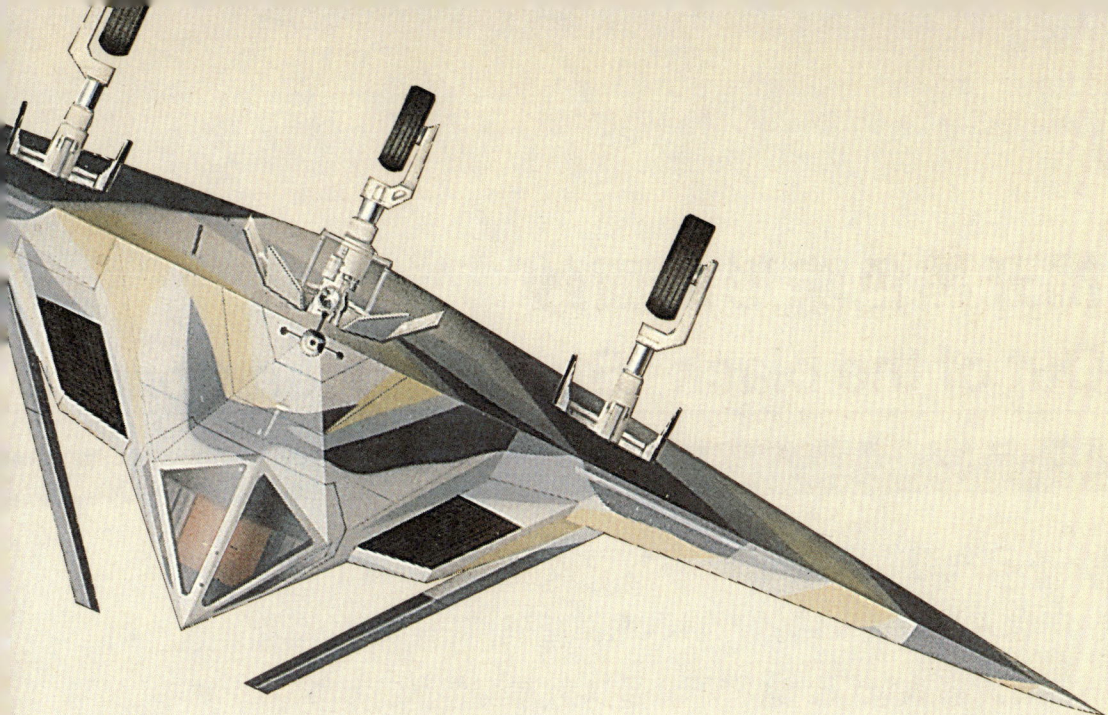

飞行控制系统

　　前机身的三个静压传感器、三个总压感应器服务于飞行控制系统，一个总压探针分别位于机鼻处，另外两个位于挡风玻璃的前远处。HB-1001号机还具有设备吊舱用来联系主控系统。

隐形尾喷口

　　"海弗兰"（Have Blue）扁平的后援采用了比F-117更大幅度延伸的狭长排气槽，使得两个排气槽于对称面处相交，喷嘴的下部形成两段式襟翼，当飞机攻角超过12°时自动下偏。

揭开黑色隐形的面纱
Out of the black "Stealth" operations

在海湾战争期间，F-117"夜鹰"成为各个媒体的明星，向世人呈现了一幅激光制导炸弹精确打击目标的画面。这个时候，许多人意识到这将不会是这款革命性的飞机第一次亮相。

美国空军在内华达州的荒漠中深处，成功地避开公众视野，秘密完成了F-117的全部研制任务，使其处于独一无二的地位。它几乎可以无视所有防空力量到达目的地，但是近距离的隐形仍然存在很大的困难。不仅仅服役的飞行中队被不断的否认其存在，而且F-117利用"黑色项目"向外界来隐藏其雷达散射面。这些非同寻常的保密需求，使得"隐形战斗机"项目

下图：1988年，当"隐形战斗机"终于向世人揭开神秘的面纱后，它最终进入美国空军机队执行日常行动。

的早期运营中需要更为庞大的后勤支持，更为重要的是需要飞行员很好地掌握驾驶这架耗费巨大的飞机。

找寻到拥有F-111、F-4"鬼怪"和A-10"雷电"飞机至少100小时飞行经历的合适的应聘者，如此才能聘用到了合适的试飞员。

新时机

向试飞员们讲解了他们将要试飞的新飞机的细节，请他们在五分钟内作答是否感兴趣。很少的一些人放弃了从事这样一份高机密的行动。跨过初始障碍后，这些成功入选的试飞员被编入各自的中队等待进一步的说明，逻辑上讲项目进行到了中期阶段。

初期的疑虑是建立可靠的基地来试飞洛克希德公司的新飞机。出于安全角度

上图：在1988年以前，所有执行任务的F-117飞机包括训练任务都在夜间飞行。无可避免，这会引起飞行员疲劳，导致2～3架F-117损毁，其中包括1986年7月由罗斯·E.穆尔哈尔少校驾驶的一架坠毁于红杉国家公园。

下图：在1988年11月11日，美国国防部公共事务助理部长公布了这张画面模糊的F-117的图片，这张精心挑选的图片掩盖了飞机的许多关键设计特征。

上图：大量的关于F-117的真实外形和功能虚假信息被披露出来。虚假的新闻报道讨论了飞机拙劣的飞行品质，以及塑料构件使得飞机结构华而不实而且构造不精细。F-117项目的最终公开，只是证明了美国空军在尝试对自己的革命性武器系统的保密过程中相当成功。

考虑F-117隐形项目进入高级秘的马夫湖测试场，但是也带来了实际困难，该项目成员有可能经常看到其他秘密研制的飞机，于是重新修建了拉斯维加斯西北方向140英里（225千米）的托诺帕试验场（TTR)，1982年5月开工，1983年8月竣工。

1982年5月，指定了一个项目运行单位，替换合并了测试和开发中队，詹姆斯·S.艾伦上校负责指挥第一支"隐形"团队（冠名为第4450战术大队）。1983年8月23日他亲自接收了原型机。

随着支持场所TTR机场的完工，一系列的保密规则被贯彻实施，包括部署UH-1N巡逻直升机和特种武装警卫队特遣分队。现在第4450战术大队的新飞行员主要面对的难题是缺少足够的有关F-117的飞机结构来增长飞行经验。除了这些，1983年10月28日，团队公开运作，已经接收了至少一个中队的新飞机。

烟幕弹

为了保证必要的飞行时间，第4450战术大队分配到了大量的A-7D飞机，虽然这些是部署在附近的内利斯空军基地的。这些新隐形飞机的试飞员利用这些飞机作为训练工具。随后，由于A-7D作为幌子已经没有必要了，而且T-38飞机制造价格便宜，这些飞机被T-38"禽爪"替代。

测试发现F-117的飞行特性参数与A-7D飞机的相类似。这些卓越的试飞员通过夜以继日的训练任务已经适应了飞机的操纵特性，而且不会削弱项目的安全性。更令人高兴的事情是，对于任何有异议的一方，第4450战术大队可以伪装为A-7飞机测试单位，直到有足够的F-117飞机结构被交付。随后，A-7D飞机作为伴飞飞机，伴随飞翔在新隐形飞机试飞员的初始飞行训练阶段。

F-117作为"隐形子弹"受到美国作战计划人员的重视，换句话说，仅仅有一些飞机留存了下来，它们被用来对抗高价值资产——五角大楼对敌方领导层构成、通信和运输资产的代称。它将"隐形战斗机"项目秘密地运行着，即使有很少的一部分项目以外的人员知道F-117，但是美国海军已经拥有了一款稳定服役的、

上图：飞行中途加油在F-117的执行任务中是非常重要的环节。图中显示在日间飞行中，F-117从KC-10加油加补充燃料。现在的服役中，远程的和更加安全的训练计划安排在日间飞行时间。

逐步成熟的战斗机。第4450战术大队历经了20世纪80年代的自由开销时代，继续兴盛。这个时期也是恐怖主义开始在世界范围内制造影响。当汽车炸弹摧毁了美国海军陆战队的外出侦察力量，黎巴嫩成为美国政府关注的焦点。奥利弗诺斯（Oliver North）上校，随后被卷入伊朗丑闻，他为F-117设计了方案去打击恐怖主义大本营。1986年，一个相似的任务被策划用来打击利比亚的首都——的黎波里，但是一个更为常规的计划，包括了从英国基地起飞的F-111"土豚"（Aardvarks）、由F-14"雄猫"航母空中巡逻机伴飞的美国海军的从航空母舰上起飞的F/A-18"大黄

蜂"都被囊括其中。

1989年12月，美国军队实施了"自由正义事业"行动，联合军队的目的在于驱逐当时政权领导曼纽尔（Manuel Noriega），他是因为与毒品交易关系密切，而且是一位独裁者，所以与美国恶交。由于非常急切地想要展现"银色子弹"的可行性，美国五角大楼联合事务处计划了一项任务，它有可能制造新的质疑，但同时也可能永远平息这些关于"隐形"项目的质疑。

1989年12月19日夜间，两架F-117奉命起飞支持"突袭诺列加"（snatch' of Noriega）行动，随后飞机到达巴拿马领空后，由于任务目标改变，"突袭"行动被取消。另外的两架F-117执行轰炸飞行任务，目的在于使里约哈托的巴拿马防空武装力量"震惊和混乱"，同时还有两架F-117执行备份飞行任务。与其说他们的目标是200名巴拿马防空武装力量的精英分子的兵营房屋沿线的开阔地域，倒不如认为其目标就是兵营本身。

这6架F-117从美国托诺帕起飞，而且在往返巴拿马的飞行途中进行了五次加油。两架飞抵里约哈托的F-117投放了两枚2000磅（907千克）的携带BLU-109B/I-2000低空激光制导炸弹弹头的GBU-

27A/B激光制导炸弹，两枚导弹都爆炸于初始设定目标位置的数百英尺外，执行这次攻击任务的领航员是格雷科·菲斯特少校，就是他随后将首枚炸弹投放到了巴格达。6架F-117飞机中的4架携带炸弹返回了美国托诺帕。

国会认为这次任务是失败的，接踵而来的是关于这款高科技飞机的能力的严苛批评。这些压力是源于F-117被称作"Wobblin' goblin"，这个称谓从来没有被使用在飞机有关的方面。尽管这些压力充斥着紧接着的正义事业行动，两年后世界媒体将会清楚地认识到或者至少听说到F-117的真实能力，其在伊拉克的上空证明了自己。

下图：F-117从来没有制造双座教练版，一个改装并列单座的构型被提出，但是没有开展工作。作为替代美国空军采用A-7D飞机。

洛克希德P-3"猎户座"

Lockheed P-3 Orion

水手
Son of Neptune

> 洛克希德P-3"猎户座"自推出以来在1962年作为替代的P-2"海王星"在海上巡逻飞机的最前沿。

20世纪50年代中期,苏联装备了一批尺寸更大、系统更复杂的潜艇,美国海军(US Navy)认为洛克希德公司的P2V"海王星"反潜机已经不足以应对这种威胁,因此需要寻求该机的一款替代机型。虽然P2V型反潜机是一款很成功的机型,但由于它的尺寸限制和任务载荷不足,这使得其作战效能有限。因此,1957年,美国海军宣布其第146号海军型号规格说明书

(NTS)。

考虑到交付时间和成本因素,第146号海军型号确定采用一款现有的机型。洛克希德公司给出的方案是基于L-188"伊莱翠"(Electra)客机,将其改造以满足反潜作战(ASW-Anti Submarine Warfare)和巡航任务需求。洛克希德公司的方案是所有参与竞标公司中唯一一家能够满足146号型号要求的方案设计,同时该公司在巡

上图：为洛克希德公司P3V/P-3"猎户座"，该巡逻机自1962年引进以来，便接替了P-2海王星巡逻机部署在海军巡逻队的前线。

逻机设计（哈德逊、本图拉、鱼叉以及海王星巡逻机）上的历史底蕴也使得海军对此方案更加青睐。1958年5月8日，美国海军宣布洛克希德公司竞标成功。

洛克希德公司马上开始工作，并将第三架"伊莱翠"（Electra）客机的机体改装为第146号海军型号的全尺寸模型。飞机上加装一根内藏磁性探测器（MAD）吊杆和典型武器整流罩。保密级别为"内部"的185方案，于1958年8月实现原型机的首飞，并且表现出优异的飞行性能，这给美国海军留下深刻印象，并签订185方案飞机的长期生产合同。185方案最明显的区别在于前机身缩短了7英尺（2.13米），但这也足以满足T56-A-10型发动机和大多数任务用机载设备的装载。1959年11月25日，重命名为YP3V-1型、编号

BuNo.148276的真实意义上的原型机首飞成功。

"猎户座"，前进

60年代早期的飞行试验很成功，这带来了7架P3V-1型飞机的订单，第一架（编号BuNo.148883）飞机于1961年4月15日首飞。随后在1962年全年和1962年早些时候的后续飞行测试则证明，P3V-1型飞机是一款能够替代P2V型飞机的优秀反潜机。P3V-1型飞机动力装置采用艾莉森公司（Allison）的T56型涡轮螺桨发动机，这极大地提高了任务载荷承载能力、续航性能以及巡航速度。对于如此大型的飞机来说，低速操纵性能非常优异，并且系统配置是当时最先进的。其中最重要的

上图："猎户座"的原型机N1883。该机型早先是用来为L-188"伊莱翠"客机做静态试验的。经过改进后N1883装备了武器舱和内藏磁性探测器（MAD）吊舱，于1958年8月19日进行了首飞。改进实验成功后，又进行了更多的改进，比如缩短前机身。

就是Jullie/Jezebel声呐系统和APS-80雷达系统，在机头雷达罩和尾部整流罩上均有天线，这可以提供360°的探测范围。飞机上机组人员共有12人组成。

左图：为YP3V-1机型。该机型以它的带棱角的机头和可视阶梯式内藏磁性探测器（MAD）吊舱而与众不同，它于1960年在ASW试验中在舰艇上进行了试飞试验。试验的成功在同年10月，也为该机型带来了初期的量产订单。

秘密巡逻队——"布莱克""猎户座"侦察机和蝙蝠型侦察机

"猎户座"的射程和载重量使它非常胜任侦察任务。1963年三架改装后的P-3A提供给中央情报局用于在中国台湾地区展开军事活动，飞行任务覆盖中国上空以及周边区域。在侦察任务中，飞机也采用了心理突击战向地面空投传单。"布莱克""猎户座"侦察机一直服役到1967年，随后两架侦察机被改装成为EP-3B机部署在美国海军VQ-1号上。从1969年起，两架"猎户座"侦察机与道格拉斯EA-3B"空中勇士"作为信号情报搜集的平台共同服役，使用美国中央情报局初期运作的大多数系统。这些器械的初步成功应用引出了另外10架飞机的订单，有EP-3E"白羊座"。

上图：三架"布莱克""猎户座"侦察机都装备了大量的情报搜集设备，并且可以空投传单和间谍人员。它们装备了响尾蛇导弹发射器，号称击落过中国的米格战斗机。该机型也曾短暂飞越越南上空。

左图：EP-3B（Bat Rack machines）型号机，机身下方挂载了"M&M"雷达系统，具备了远程定向扫描功能。雷达延续了飞机的使用，"Black"猎户座飞机从那个时代继承了延伸的排气系统（用来削弱红外信号）。

反潜作战（Anti Submarine Warfare，ASW）的武器装备采用Mk 44型反潜鱼雷和可变深度起爆的深水炸弹（包括B57型核深水炸弹）。P3V-1型反潜机还可以在机翼下方吊挂"祖尼"火箭弹用于对地攻击。

1962年9月，P3V-1型反潜机被重新命名为P-3A型反潜机（经常被称作"阿尔法"），此时"猎户座"已经深入人心。1962年6月P-3A型反潜机进入部队服

上图：P-3B进行了代号为"阿尔法"的众多经济性改进。最主要的变化特征是采用了升级的T56-A-14发动机。

下图：在TACNAVMOD项目下，P-3A/B飞机进行了类似于P-3C的数字化改进。后续项目的P-3B飞机和图中所示一样，具备了红外线探测系统（ITDS）和鱼雷发射能力。

役，第一支接收P-3A型反潜机的部队是东海岸VP-30舰队补给中队。1962年7月，VP-8飞行中队得到P3V-1型反潜机，成为第一支前线作战的"猎户座"反潜机飞行中队，随后1962年8月，VP-44中队也接收到新型反潜机。1962年10月，VP-8和VP-44中队在古巴导弹危机事件期间对相关海域进行反潜封锁巡航飞行。1963年，"猎户座"反潜机进入太平

上图：为了打击地面的小型目标，5英寸（12.7厘米）的Zuni火箭弹是很重要的武器。为实施精确地面打击，P-3B携带了Bullpup AGM-12空对地导弹。

洋舰队的VP-46飞行中队。1964年东南亚地区也得到"猎户座"反潜机，在越南东海岸执行反潜巡航任务，并帮助切断越共的海上补给。

在P-3A型反潜机的服役生涯中，被不断改进以满足反潜作战(ASW)任务需求的变化。其中最重要的一次升级就是从1965年开始采用延迟线时间压缩（delay line time compression，DELTIC）型声呐系统，这大大加强了反潜探测能力。升级项目中还包括添加布雷设备和辅助动力单元（auxiliary power unit，APU），APU使得反潜机可以再从简陋机场起飞执行作战任务。

P-3A型反潜机共生产157架，于1965年10月停产。1978年9月，P-3A型反潜机正式退出现役舰队编制，但直到1990年10月P-3A型反潜机才从海军航空预备役部队（Naval Air Reserve）退役。

紧随"阿尔法"型飞机下线的是P-3B"亡命者"（Bravo）型反潜巡逻机，该机选用改进的T56-A-14型发动机，单台功率4500马力（3357千瓦）。作战系统基于升级版P-3A型反潜巡逻机上采用的，包括延迟线时间压缩（DELTIC）型声呐系统。P-3B型反潜巡逻机的生产中期，对结构进行加强以使得能够承担更重的任务载荷。这种新型飞机就是人们所熟知的重型P-3B型反潜巡逻机，而第一架则被命名为轻型"亡命者"型飞机。在P-3B型反潜巡逻机的早期生产期间，该型反潜巡逻机获得搭载并发射AGM-12"小斗牛"式无线电制导导弹的能力。随后对之前的P-3B和大部分P-3A型反潜巡逻机改装，使它们也具备这种能力。"亡命者"型反潜巡逻机自1965年（第一架编号BuNo.152718）开始生产，总共生产125架。1965年10月13日，该型反潜巡逻机首先交付西海岸VP-31舰队补给中队，1966年1月，第一支获得新型反潜巡逻机的前线作战部队是西海岸的VP-9飞行中队，东海岸的VP-26飞行中队也在同月接收到作战飞机。

尽管P-3B型反潜巡逻机最初是作为重大改型的P-3C型反潜巡逻机服役前的临时作战飞机，但它的服役时间较长并且产量较多，最终于1979年退出现役舰队，1990年之后退出海军储备部队。

TACNAVMOD 升级

从1979年起，美国海军航空预备役部队中装备的P-3A/B型反潜巡逻机开始实施TACNAVMOD升级项目，内容包括更换P-3C型反潜巡逻机上采用的新型数字处理系统（AQA-5 DIFAR）。这些升级型飞机被称为TACNAVMOD Ⅰ型。后面P-3B型反潜巡逻机被继续改进为TACNAVMOD Ⅱ型（被称为"超级蜜蜂"），系统设备得到更大提升，加装红外平台，并具备"鱼叉"导弹发射能力。90年代早期，有一批P-3B型反潜巡逻机被改进为TACNAVMOD Ⅲ型（被称为"杀人蜂"），装备有ALR-66型电子支援测试（ESM）设备、卫星通信系统以及彩色天气雷达。

更早时候的"猎户座"反潜巡逻机在舰队装备过剩，其中许多飞机被拆除反潜作战（ASW）设备（包括内藏磁性探测器MAD），用以执行其他任务。

次要改型的P-3飞机包括很多用于特殊任务的飞机，其中有些是一次性的试验飞机，如下面所示：

EP-3A（用作电子试验、电子对抗ECM入侵和导弹测试/射程支持飞机）

EP-3B（用作电子情报信息平台）

EP-3E"白羊座"（用作电子情报信息平台，共生产10架）

EP-3B（用作电子入侵，共生产2架）

NP-3A/B（用作试验飞机）

RP-3A/D（用作海洋、地磁、冰的研究平台）

TP-3A（作为飞行员教练机）

UP-3A/B（用于后勤运输和综合测试）

VP-3A（作为参谋/VIP人员运输机）

WP-3A/B（用于天气监测飞机，4架）

CP-140 "极光" 和CP-140A "熊卫士"
CP-140 Aurora and CP-140A Arcturus

简介
Introduction

正是因为加拿大武装军对长程海上侦察、反潜机的需求，因此对P-3 "猎户座" 进行了改型。其中 "极光" 的外构型修改自P-3 "猎户座"，侦察系统采用于S-3 "维京式"。

1969年，刚刚组建的加拿大武装军开始着手为加拿大CP-107 "阿耳弋斯" 号海上巡逻队寻找替代机型。加拿大军队需要一款新型的反潜战电子对抗机，来应对苏联正在日益增加的数量和设备技术不断完备的潜艇带来的威胁。同时还需要应对一些国家任务，比如说冰情侦察、渔政巡逻以及对广阔的北极和亚北极区领土主权维护等。

1971年8月加拿大武装部队公布了对首字母缩写为LRPA（远程巡逻飞机）项目的方案征询。在此次方案征询中，共有 "猎迷" 反潜机、"大西洋"、翻新后的 "阿尔弋斯"、用于海上巡逻的波音707

（该飞机在加拿大主要用于货物运输）以及"道格拉斯"DC-10等参与竞标。洛克希德公司给出的方案是基于"猎户座"巡逻机进行改造，将它从一款满足美国海军要求的P-3C Update I 型或者P-3C Update II 型改造成为满足加拿大需求的机型。最终方案缩至在波音707和"猎户座"P-3C两型飞机中进行挑选。结果在很大程度上是依赖于可以给加拿大制造业带来大量的补偿。洛克希德公司成为了最后的赢家，并签订了于1975年11月27日交付18架飞机的订单。加拿大派出一个专家小组奔赴洛克希德公司，共同研究将P-3C改造成为

上图：为第一架"极光"侦察机，它的临时美国民事登记号是第140101号。它通过了制造商的测试，在该机型交付之前，它的设计方案也是高度透明的。

"极光"CP-140的详细设计方案。改型后的飞机于1979年在伯班克首飞成功。起初由洛克希德公司负责在加利福尼亚对机务人员进行了培训。

"极光"详情分析

加拿大的改型后的"猎户座"是基于P-3C机身进行改造的，比如保留了在机

上图：新购买的18架"极光"，它取代了加拿大的CP-107"阿尔戈斯"。新型侦察机的新增功能弥补了CP-107的不足。

身下方尾部的声呐浮标发射管，但是数量从P-3的48个减少到了36个。节省出来的空间用来安装蔡斯KS-501A相机系统。该相机是一个垂直全景相机，可以在白昼或者红外线情况下使用。在红外线情况下需要与红外发光器结合使用。

CP-140与P-3最重要的区别还在于它的中央系统，CP-140采用了基于S-3A"北欧海盗"反潜机中央系统的新装备。该系统的核心包括：AYK-10（加拿大也称之为AYK-502）数字中央数据处理计算机、OL-82（加拿大称之为OL-5004）声学数据处理机、APP-

76声呐浮标接收机和ARS-501声呐浮标参考系统。AYK-502整合了所有的机载操作功能，比如声呐浮标释放和武器管理。作战协调员可利用它遥控指挥飞机飞抵指定地点，自动释放声呐浮标。搜索雷达采用的是APS-116（加拿大称之为APS-506），具有移动目标识别能力。"极光"拥有许多独一无二的新装备，特别要提到的是采用了ASQ-502磁异常探测器以及安装在翼尖的ESM电子支援测试系统。从机务人员的任务方面来讲，CP-140最大的不同就是内部人员工作位置的安排。在P-3C中战术协调员、导航/通信操作员以及传感器操作员工作位置分散在机舱

下图：尽管近年来潜艇威胁已经减少，但"极光"舰队在远北地区起到了重要的反潜作用。这股军事力量对于沿着世界上最长的海岸线的地区来说，也承担了非常重要的国家任务。

中，而CP-140有一个U型战术舱，其中两个工作站点面朝前，两个面朝外，还有两个工作站点朝向机身尾部方向。这样安排的原因是洛克希德马丁公司与雷神公司在最新的P-3升级策划中均提到，操作员工作之间距离拉近，可以促进机务人员之间的关系。

CP-140也装备了一个可以缩进的OR-5008 FLIR（红外线监视器）转塔和改进的环境控制系统，这些在美国海军的P-3Cs中也同样得到应用。对于"极光"独有的是在武器舱装备了布满线路的传感器。APD-10侧视成像雷达系统也通过了测试。舱内安装的许多传感器与许多机构共同合作使用，比如加拿大环保组织运用"极光"进行污染控制/监测以及动物物种普查。加拿大海洋渔业部则呼吁"极光"对非法捕鱼船只进行监控，与此同时加拿大皇家骑警与加拿大海关部共同使用CP-140追踪涉嫌贩运毒品的不法行为。交通运输部门则负责冰情勘查任务，CP-140拥有一个远程合成孔径雷达（SAR），为完成冰情勘察任务该机型还携带了SKAD（救生包和空投物资）。

上图：1999年4月1日，为庆祝加拿大皇家空军成立75周年，部分飞机采用了战时的代号和圆形标记。该CP-140来自位于格林伍德的415 "旗鱼"中队。

20世纪90年代中期，CP-140舰队装备了WX-1000气象侦察雷达。早在1992年，加拿大国防部发起了ALEP计划（延长"极光"服役时间计划），该计划的成功将使CP-140达到现代顶尖水平。雷达系统中增加了SAR合成孔径雷达成像系统，与此同时还增加了新的电子支援测试系统（ESM）、内藏磁性探测器（MAD）和声呐浮标参考系统。在新的工作站点也安装了新型导航和通信设备。在飞机转台上安装了FLIR红外线监视器、激光测距指示器以及LLLTV微光电视等设备。

"极光"的用途

1980年5月29日，第一架"极光"反潜机交付给了位于加拿大新斯科舍省格林伍德的军事基地。第二年11月，405中队（也称之为北约海军VP 405）成为装备该型号的第一支作战部队，1981年3月完成了它的首个作战任务。VP 404中队随后成为受训部队，与此同时VP 415中队在格林伍德完成了空中28号小组的组建。1981年年底，VP 407中队在位于不列颠哥伦比亚省科莫克斯的加拿大军事基地，同样也装备了该机型。在加拿大CP-140执行国家和北约任务，同时，在前南斯拉夫联合国维和行动中也作出了突出贡献。位于意大利西西里的西格奈拉美国海军基地，CP-140参加了严密监视行动，在亚得里亚海区域监视是否有联合国禁运货物进入南斯拉夫，这项行动于1993年9月开始执行。

2004年加拿大武装部队在前线部队部署了18架CP-140飞机，为了确保它们能够继续服役，推出了升级计划。

CP-140A "熊卫士"

1989年，加拿大国防部向洛克希德公司订购了三架"猎户座"飞机，其中最后一架在伯班克工厂组装完成。改型飞机有两个作用：一是减轻高压作战舰队飞行教练机的压力，二是为弥补即将退役的CP-121"追踪者"舰队渔政巡逻方面的不足。

在高级有人驾驶战略飞机计划中，这三架飞机（140119、140120和140121号）交付给位于哈利法克斯的IMP航空航天中心，用于改装成CP-140A的基本型号。作为极光的"austere"型号，CP-140A没有CP-140的反潜作战装备，却保留了APS-507的雷达和远距离导航设备。这些都基于P-3C的机身，在机身下部装备了反潜磁性探测器装置和48个声呐浮标发射装置，虽然还没有派上用场。这三架飞机虽然只装备了雷达和导航/通信工作站，但是仍然保留了"极光"的U形工作站群。

第一架CP-140A飞机1992年11月30日交付给了格林伍德的BAMEO，其余两架飞机1993年4月交付。一架交付的CP-140侦察机被送往科莫克斯用于加强407中队的作战能力，该中队已经增强了反潜战电子对抗系统。

除了执行飞行训练和捕鱼巡逻任务外，这三架作战飞机还从事冰情侦察和主权巡逻维护任务。该飞机同时还被用来执行反毒品贩运任务。对舰队的升级计划已经推出，类似于"极光"反潜机的ALEP计划（当然，不包括对反潜战电子对抗系统的改进）。

操作国
International operators

P-3"猎户座"是满足西方要求的海上巡逻机，被世界许多国家采用。在海外操作国家中，日本是最大的使用国，同时也具有该型号机的制造许可证。

澳大利亚

1968年澳大利亚第11中队收到10架P-3B飞机、10架P-3C Update Ⅱ型飞机。20世纪70年代中期第10中队也获得5架该型号飞机。1982年，10多架"查尔斯"取代了"刺客"飞机。20世纪90年代，飞机升级为AP-3C型号，装备了改进的埃尔塔公司的搜索雷达。其中一架飞机改进后用于执行信号情报收集任务。20世纪90年代，购买了3架P-3B作为TAP-3中队的飞行训练机。

巴西

巴西购买了12架P–3A/B，其中8架用于执行海上巡逻任务（其余4架用于训练和备用机）。这几架飞机升级为P–3C Update Ⅰ型号，等价于EADS公司的CASA。

智利

智利海军购买了8架原服役于美国海军的UP/P–3A飞机，第一架于1993年3月交付。4架P–3A与VP–1（如下图所示）共同完成作战任务，该机型已经配备了智利特定的装备，这些装备一些来自以色列。两架UP–3A与VC–1共同服役用于训练和常规巡逻。这两个飞行中队都从比尼亚德尔马岛的康康起飞。

阿根廷

为了找到可以取代L-188"伊莱翠"飞机来执行海上巡逻任务的机型，阿根廷海军司令部订购了7架原服役于美国海军的P-B飞机，其中一架作为备用机。分配给位于特雷利乌的空军基地的飞机于1997年12月到1999年7月之间抵达。如下图所示，这5架飞机作战舰队被重新刷成深灰色。

希腊

1996年5月，Elliniko Polimiko Naftikon（希腊海空部队）收到了第一批次的6架P-3B，服役于Mira Naftikis Aeroporikis Sinergasias。第二批次的4架P-3A其中2架用于物资补给，另外2架用于地面培训。同一样空军部队主要负责"猎户座"的维护和起飞任务，海军部队主要负责作战任务，同时也负责机组人员的物资供应任务。

伊朗

1973年，伊朗皇家空军部队订购了6架"猎户座"。P-3F飞机采用了P-3C飞机的机身以及P-3A/B飞机的系统。1975年，交付了第一架飞机。伊朗国王下台后，"猎户座"飞机继续服役于伊朗共和国空军部队。一架飞机在执行任务时坠毁，其余保留下来的飞机估计有三架具有良好的飞行性能。P-3飞机起初在阿巴斯港的第9战术空军基地服役，后来可能被移至位于设拉子的第7战术空军基地TAB。

日本

1977年12月29日，日本公布选择P-3C Update Ⅱ型飞机。5架飞机用于海洋巡逻，101架中大部分下令在川崎重工进行制造。在之后的生产运行中，Update Ⅲ型号机的航空电子设备、GPS、卫星通信设备都在川崎进行制造。这些系统在舰队中正在被逐渐进行改造。P-3C的惯常飞行中队是：鹿屋市的VP-1和VP-7中队、八户市的VP-2和VP-4中队、厚木市的VP

右图：所示为EP-3机型，该机型主要作为海军电子情报平台，主要执行任务类似于美国海军EP-3E ARIES Ⅱ型飞机。

3和VP 6中队、那霸市的VP-5和VP-9中队以及岩国市的VP-8中队。P-3C用作训练机服役于下总市 Dai 203海军航空队，同时也是日本海上自卫队实验和测试的专用机型。

川崎重工也加工制造了许多特殊的改型机。第一架改型机是EP-3，这是一架电子情报搜集机，特点是在机身安装了大的雷达罩。这架飞机服役于岩国市的Dai 81海军航空队。该机型与UP-3D具有相似的外形，Dai 81海军航空队订购了一架ECM电子站系统训练机/战时干扰机。OP-3是一个图像情报平台，计划生产5架该机型。一架UP-3C专门用于充当测试平台服役于厚木市Dai51海军航空队。

上图：为日本海上自卫队P-3C（即VP-2型号机），为进行卫星通信任务在机身背部携带了天线罩。

韩国

第一批次的"猎户座"飞机在玛丽埃塔市建造，共有8架P-3C Update Ⅲ型飞机（但飞机上的装备不同）提供给位于浦项市的大韩民国海军第613反潜作战（ASW）中队。1994年12月12日进行首飞，1995年4月交付。韩国又额外的购买了9架美国海军的P-3B飞机。

新西兰

新西兰皇家空军是"猎户座"的第一个出口客户，1996年订购了5架P-3B飞机，取代了"森德兰"机型，服役于弗努阿派空军基地第5中队。20世纪80年代，在"参宿七"计划中提出要增强舰队的性能，从而P-3K改型就应运而生，该机型装备了APS-134成像雷达和红外线炮塔。众所周知的另一个升级计划"天狼星"，尽管该计划在2000年被迫取消，但是2002年提出了进一步升级的建议。

巴基斯坦

　　1988年巴基斯坦订购了3架P-3C飞机，服役于位于Drigh Road的第29中队。该飞机为P-3C Update Ⅱ.75混合式飞机。由于美国对巴基斯坦核武器发展情况的担忧，因此对巴基斯坦颁布了贸易禁运令，这就使得交付时间一直延迟到1997年。

西班牙

　　西班牙第一批次的"猎户座"是3架原服役于美国海军的P-3A DELTIC飞机，于1973年交付。随后，又从美国海军租借了4架同样的飞机。1988年和1989年，在西班牙军事部署中仍然保留了两架起初的P-3A飞机，但是该飞机已经被5架原服役于挪威的P-3B飞机所取代。目前"猎户座"服役于莫隆第221中队，该型飞机由空军部队负责飞行，而承载的是执行任务的海军工作人员。

荷兰

1978年，荷兰订购了13架P-3C Update Ⅱ.5型号机为MLD执行任务。该机型的主要维护工作是由位于法肯堡的MAPRAT海洋巡逻小组负责，执行飞行任务由第320中队负责。第321中队使用"猎户座"进行训练作用。一个由3架"猎户座"组成的特遣飞行队在库拉索岛的哈他进行维护和补给，用来执行加拉比海域的禁毒巡逻任务。飞机舰队接受了CUP性能升级计划，增加了许多新型装备，如成像雷达、新型ESM电子支援测试系统以及FLIR红外线监视器转塔。

葡萄牙

葡萄牙于1985年装备"猎户座"反潜机，一共订购了6架P-3P机型。这些飞机原来是隶属于澳大利亚皇家空军的P-3B机型，洛克希德公司升级了多项新系统，包括APS-134逆合成空孔径雷达（ISAR），改进后的ALP-66（V）3电子监视系统，"鱼叉"作战能力以及AAS-36红外线探测系统。其中的5架在葡萄牙国内的航空工业有限公司（OGMA）进行改装。"猎户座"从1988年开始在蒙蒂茹（Montijo）的第601中队服役，采用独特的"奥尔卡"双色调灰色喷涂。最近通过了针对该编队的升级计划。

挪威

自1968年挪威收到了5架P-3B飞机服役于第333中队以来，1980年又订购了2架该型号机。1989年，挪威出售了5架P-3B飞机，用于支付新买进的P-3C Update Ⅲ型号机。剩余的2架P-3B被改型成为了P-3N型号机，用于执行训练和海岸维护任务。P-3C在UIP升级改进计划中装备了新型的中央计算机和其他系统。

泰国

1993年12月，隶属于泰国皇家海军的第101中队收到了订购的两架P-3A "猎户座"中的其中一架。1995年2月，该机型又增加了两架装备改进设备的P-3T型号机。第五架飞机是UP-3T型号机，于1995年11月交付，主要用作训练机和常规监视平台。该飞行舰队在乌塔帕执行任务。

现代美国海军
US Navy today

在后冷战时代，"猎户座"巡逻机执行了一系列的新任务，其中绝大多数是与"海洋"相关的战争。

P-3C飞机实施了一系列的升级改造项目，三个机队的P-3C飞机升级改进了其性能，尤其是在当时不存在水下战争（undersea warfare，USW）的世界格局下。虽然传统的"深海"水下战争仍旧是"猎户座"飞机例行任务中重要的一部分，但是俄罗斯潜艇活动的减少（以及政治格局的改变）已经削弱了该领域的重要性。无论如何，目前近海（白色水域）区域的行动加强，凸显了"猎户座"飞机的一系列的传感器和系统的新的变化，其高潮阶段是当下对AIP/AIMS的改变，该改变已经实施于绝大部分机队。

20世纪80年代后期，"猎户座"执行"掌握生存能力"（Command Survivability）项目，该项目包括了额外的一系列的防御手段，最明显的是战术描述方案（Tactical Paint Scheme）的改变，采用一个低可见度的灰色涂装。红外探测器和金属箔片/曳光弹发射器都加入了。

在"非法猎人"项目期间，一架单座型"猎户座"飞机装备了APS-137逆合成孔径雷达（ISAR），它能够对舰船和潜艇潜望镜成像。该飞机还配备了全球定位系统（GPS）导航设备和一个全新的、高精确度的电子支援测试系统（ESM）。这些使得P-3C转型成为一架具备抗衡超视距命中目标系统能力的飞机。"非法猎人"在1991年的海湾战争中获得极大成功，在众多的时刻导引了美国海军攻击机。随后另有三架"猎户座"飞机进行了升级改造，该项目被重新命名为超视距机载遥感

上图："猎户座"巡逻机由于使用火箭弹，一直都存在攻击能力范围受限制的问题。尽管"幼畜"空地导弹(Maverick)、鱼叉(Harpoon)反舰导弹和"萨拉姆"防区外发射对陆攻击导弹（SLAM）等精确制导武器已经逐步实现应用，但是P-3仍然能够使用非制导武器。"猎户座"的一组VP-45 5英寸（12.7厘米）"苏尼"(Zuni rockets)火箭荚舱开火射击场景证明了其具备这样的常规攻击能力。

设备信息系统（Over-the-horizon Airborne Sensor Information System）

禁毒任务

"猎户座"飞机家族的另一角色，也是一项重要的责任是打击加勒比地区的毒品交易，为执行该任务飞机分开配备到许多地方，例如哈托、Curaçao和Roosevelt Road、波多黎各。开发了一个特殊的传感器设备舱，被称作"反毒升级"（Counter Drug Update）。由一个滚装系统和一个远程电子光学传感器集成器组成。其中滚装系统包括一个APG-66火控雷达（来自于F-16战斗机）用来跟踪空中飞行的小型目标。

30架P-3飞机被改良用来进行反毒升级，而且大量应用在跟踪走私分子的船只和飞机。集成器获取的图像能够及时地传递给拦截小组。更进一步的EO系统已经得到应用，包括聚精会神（Cast Glance）项目。这些早期的系统从后部观察员位置向外凝视，当使用该设备时要求关闭左面外侧的发动机来消除发动机排出尾气对传感器的影响。在AVX-1相机的应用中发现了部分解决方案，将其设置在左面前部位置。但是，这样做使得该位置非常局促。

反水面战改进计划（AIP）

反毒升级（CDU）和超视距机载遥感设备信息系统（OASIS）改进中的元素成为反水面战改进计划（AIP）的一部分，这个项目被实施于绝大多数"猎户座"

飞机。它通过反毒升级（CDU）项目中AVX-1相机将全球定位系统（GPS）和超视距机载遥感设备信息系统（OASIS）的逆合成孔径雷达（ISAR）结合在一起，另外还配备了新装备，例如ALR-66C(V)5

下图：执行联合攻击任务时，"水面战升级项目"(AIP)改进的P-3C飞机向南斯拉夫的目标发射了AGM-84E斯拉姆远程对地攻击导弹发动攻击。"斯拉姆"导弹的工作依赖于通过终极塔传输的充足的数据链系统。"水面战升级项目"(AIP)改进型飞机由于机腹安装了弹载电子支援测试(ESM)系统天线，而且拥有额外的"蝙蝠翼"天线服务于卫星通信设备，使其扬名天下。这幅图片显示了VP-5飞机掠过意大利的埃特纳火山（Mount Etna）。

P-7——爽约的继任者

1988年10月洛克希德公司获得P-7A飞机（起初设计计划为 P-3g）的开发承包授权。除了基于相同的飞机以外，这对P-3C飞机来说是一次成功。采用了全新的发动机（采用美国通用电气公司的GE-38引擎）和任务系统，同时武器装载能力和实际表现都得到显著提高。

电子支援测试系统（ESM）（位于机身下部的天线罩），新的显示器，新的任务处理器和额外的卫星通信设备。武器攻击能力包括AGM-65"小牛"空对地战术导弹（Maverick）、AGM-84鱼叉(Harpoon)反舰导弹、AGM-84E斯拉姆远程对地攻击导弹（SLAM）、AGM-84H"斯拉姆-增敏"（SLAM-ER）响应增强型防区外对陆攻击导弹，而且未来可能配备联合防区外空地导弹(JASSM)。

从1999年开始，反水面战改进计划的机鼻下方装配了AIMS的P-3飞机逐步亮相，其配备了远程电子侦测传感器来代替笨拙的AVX-1系统，而且释放了战术协调人员（Tacco）位置的空间。科索沃战争期间反水面战改进计划项目的飞机参与了作战，飞行过程中向海岸上的目标发射了大量的低空战略导弹，而且执行了大量的海岸巡逻/作战毁坏情况评估飞行任务。

历经反水面战改进计划，配备了AIMS，"猎户座"飞机全副武装为自己在21世纪第一阶段将要面临的任务做准备，其中的大部分用来执行海岸巡逻任务。无论如何，这款飞机也避免不了老去的命运，顺理成章，一个服役寿命评估项目（Service Life Assessment Program）正在开展，其可能引起结构改进。在更长的时期内，一个合适的代替者在通过被称作多任务海军军用飞机（MMA）的项目寻找。同时一些从事客机业务的衍生型也是潜在竞争对手，洛克希德·马丁公司和雷神公司都在基于升级的"猎户座"飞机致力于发展新巡逻机。将会配备新的发动机，而且具备全新的任务组件。

上图：在对前南斯拉夫发动攻击行动期间，美国海军的P-3C飞机从Sionella基地出发，如图中显示了一架位于该基地的飞机滑行起飞执行联合作战任务。这架VP-5"猎户座"飞机属于AIP型飞机，机翼下携带了AGM-65空地导弹用来攻击那些企图袭击北大西洋公约组织封锁的舰船。虽然通常还携带"小牛"空对地导弹（Mavericks），但是从未在激战中发射。

左图：一架隶属于美国海军航空兵作战中心的P-3C飞机进行AGM-65F"小牛"空地导弹（Maverick）开火测试，并携带一组摄像机来记录武器分离过程。这款导弹提供了对近海范围运行的小型舰船的强有力的攻击能力。机鼻下的下鼓包是为AAS-36红外侦测系统（Infra-Red Detection System）服务的云台，该平台能实现可操控的前视红外成像。

P3-C Update Ⅲ型号

这款飞机服役于夏威夷的欧胡岛（kaneohe），被称作VP-4'Skinny Dragons'。先前在麻省的 Barber's Point服役的所有"猎户座"飞机于1999年7月都转移到了新地点。在沙漠风暴行动期间VP-4飞机起到很大作用，飞机从马西拉（Masirah）起飞。

机组人员

猎户座飞机的标准机组编制是10人。包括两名飞行员和一名航空母舰上的随机飞行工程师，同时在这个"管子"（通常说的机身）前部是战术协调长（Tacco）、领航员/通信员（Nav/comm）和三个传感器操纵员（Senso1、2和3）。在机身的后部是武器装备人员和飞行中技术支持人员，他们扮演观察者角色。

动力装置

"猎户座"飞机由4台罗尔斯-罗伊斯北美公司（前身是阿里逊公司）的T56-A-14涡轮螺旋桨式发动机驱动，每台发动机输出4910千马力功率（3662千千瓦）。

武器挂架

内部挂架可以携带8枚500磅（227千克）炸弹/深水炸弹/水雷，8枚MK-46鱼雷或者6枚MK-50"梭鱼"反潜鱼雷（Barracudas）。

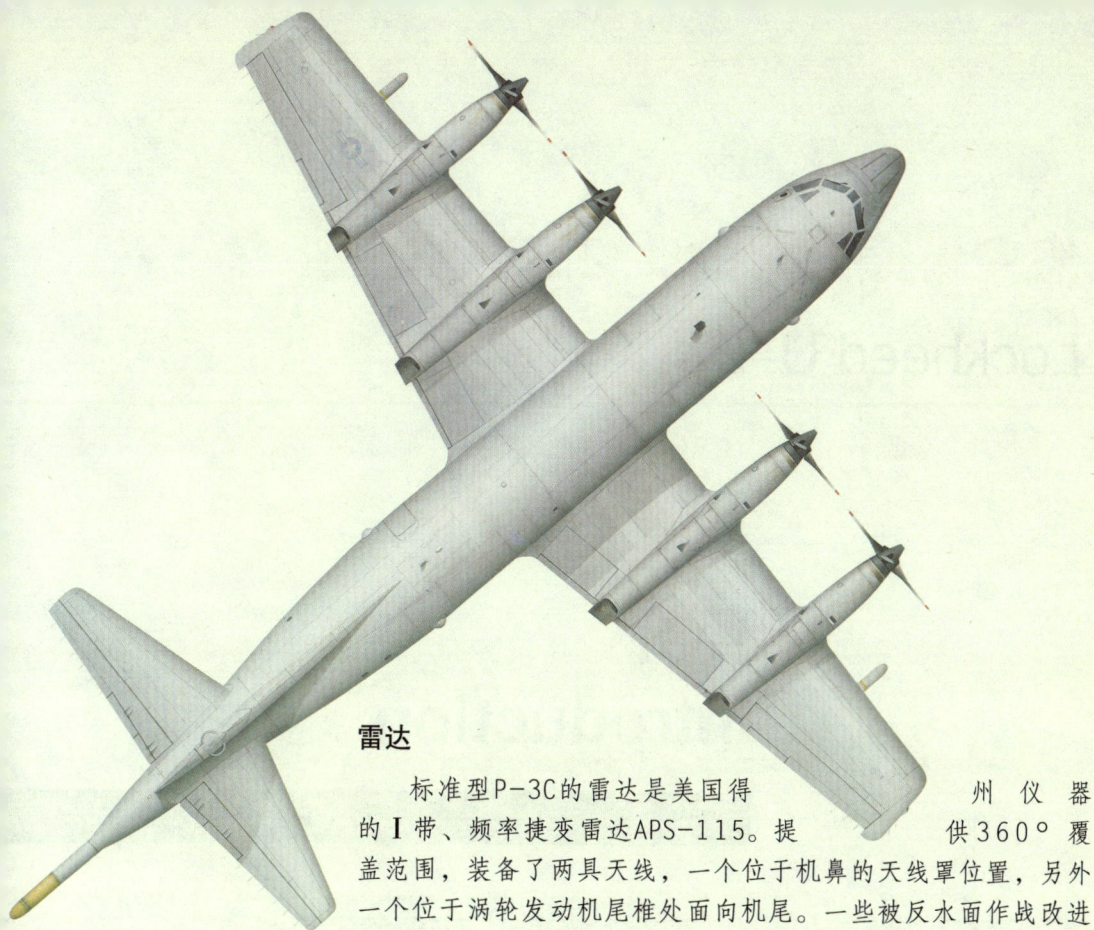

雷达

　　标准型P-3C的雷达是美国得 州仪器的Ⅰ带、频率捷变雷达APS-115。提供360°覆盖范围，装备了两具天线，一个位于机鼻的天线罩位置，另外一个位于涡轮发动机尾椎处面向机尾。一些被反水面作战改进计划（Anti-surface Improvement Program）选中的P-3C飞机改装了APS-137(V)5雷达，是S-3B"北欧海盗"引进采用的一款传感器。同时也提供标准的海上巡逻机模式，例如远程水面舰船测绘和潜艇探测。APS-137具备两种逆合成孔径雷达（Inverse Synthetic Aperture Radar）模式，该雷达能够生成表面目标的二维图像进行分类和战斗损伤评估。合成孔径雷达（SAR）雷达削弱了雷达（飞机）和固定目标之间内在的相对运动间的多普勒频移，而逆合成孔径雷达削弱了目标相对于雷达的相对运动。当雷达自动跟踪到舰船的中心点时，雷达开始分析与舰船相对于该点的运动有关的细小的多普勒频移。当处于相对盘旋状态时雷达能够完成俯视图，而处于相对俯仰状态时能够提供侧视图。两者都显示于屏幕上，容许操纵人员对舰船进行分类。ASP-137的图像经常与电子支援测试系统（ESM）覆盖区结合来进行不可视阳性鉴定。ASP-137甚至可以对水下潜艇的潜望镜成像。

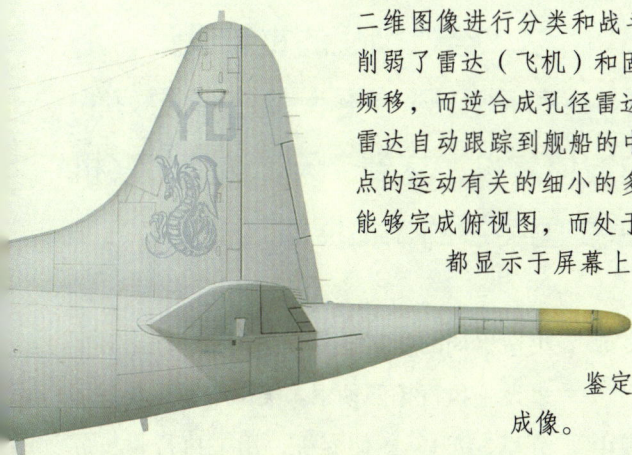

洛克希德公司的U-2高空侦察机
Lockheed U-2

简介
Introduction

自20世纪50年代以来，有着诡异外形的洛克希德公司U-2高空侦察机凭借其杰出的飞行高度优势，安全飞行在世界各地的热点地区，执行侦察任务。在20世纪60年代中期，经过彻底的重新设计，洛克希德公司推出尺寸更大且性能更好的U-2R型侦察机，直到今天，该型侦察机仍然是美国关键的情报搜集飞机。

洛克希德公司外形优雅而且极其高效的U-2高空侦察机于1955年8月1日首飞。秘密设计和制造的U-2侦察机用于美国中央情报局的侦察任务，深入苏联国土对军事设施执行拍照侦察。美国空军也装备部分早期型U-2S侦察机，用来执行收集苏

上图：U-2R/U-2S型飞机自1967年开始服役，起初仅是早期型号的加大版，之后全面替换早期型U-2飞机。

联核爆炸试验的放射性尘埃的侦察任务。1962年古巴导弹危机期间，美国空军的U-2S侦察机高度活跃在古巴上空。

早期型U-2A到U-2G侦察机创造了引人注目的服役纪录，从20世纪50年代后期至60年代早期，U-2侦察机在敌方区域上空执行数千次的任务，为美国提供了大量重要航拍情报；同时在飞行器高空飞行、再入大气层飞行以及核武器爆炸辐射尘等方面收集了大量的科学实验数据。

到20世纪60年代中期，由于侦察任务需求升级，早期型U-2侦察机已无法胜任，因此其地位严重下降。洛克希德公司在此期间深入研究升级设计的方法，并已经研发出一款加大版的改型U-2R，该型侦察机拥有更大的任务载荷和更远的航程。美国中央情报局作为U-2侦察机的主要用户，为满足其任务需求，洛克希德公司将首批6架改型U-2提供给它，第二批6架飞机提供给美国空军。

新改型的U-2侦察机于1967年8月首

上图：在最初服役时，在世界范围内没有能够威胁到U-2A型侦察机的战斗机或者导弹。由于洛克希德公司"臭鼬工厂"员工的优秀设计，该型飞机性能十分卓越。然而，至20世纪60年代早期，美国中央情报局使用的U-2侦察机已经采用更广为人知的全黑涂装方案。

飞，并很快进入部队服役，在各个方面全面超越早期型U-2侦察机。不仅在任务载荷、航程和升限上有了很大的提高，而且降落过程也变得更加轻松，这解决了早期型U-2侦察机一直令人困扰的一个问题。

特勤侦察机

隶属于美国中央情报局的改型U-2侦察机很快从世界各地的军事基地中出发执行任务，尤其是在中国台湾。在1968年，两架改型U-2侦察机被送往中国台湾，并涂装"中华民国"标识执行侦察任务。这一计划于1974年结束，在此期间美国中央情报局用过的U-2R侦察机后来都转交给美国空军。美国空军下属的U-2R侦察机在越南战争期间执行过大量侦查任务，主要从泰国的乌塔帕（U-Tapao）皇家空军基地（RTAFB-Royal Thai Air Force Base）起飞。U-2R侦察机执行的侦察任务为美军在越南的行动提供情报支持，尤其是在"中后卫突袭"行动（代号"奥运火炬"）中，此外，为对抗中国大陆，U-2R侦察机也执行过"高级书"秘密任务。

U-2航母操作计划

1969年9月，洛克希德公司的试飞员比尔-帕克（Bill Park）和另外四名美国中央情报局的飞行员来到Wallops岛上的NASA基地，开始一项U-2型侦察机新功能的开发。试飞员帕克准备进行U-2侦察机的第一次航母着陆试验，着陆航母为在海上待命的美国海军（USS）"美国号"航空母舰。帕克驾驶U-2侦察机的接舰速度为72节（83英里/小时或133千米/小时），航母甲板风速为20节（23英里/小时或37千米/小时），U-2R型侦察机轻松降落在航母上。尽管U-2型侦察机在航母

上起降试验顺利，并且美国中央情报局的飞行员们在多年时间内一直拥有能够执行舰载着陆的能力，但U-2R型侦察机从来没有在实际军事行动中执行航母起降任务，这是因为在航母上执行U-2R型侦察机的任务会给航母自身的空军部队带来很大麻烦（应该指的是U-2型侦察机尺寸太大）。

截至1975年，由于U-2R型侦察机执行军事行动次数减少，导致U-2R侦察机部队数量降至10架。在这种情况下，美国空军和美国陆军（US Army）军官们重新研究在未来军事行动中，侦察平台如何有效搜集和分配情报信息。该研究最终促使美国空军在1978年宣布执行一项"新"的

战术侦察机项目，1979年，U-2R侦察机重新恢复生产。

为了与之前有问题的U-2侦察机区别开来，这些"新U-2"被重命名为TR-1——TR代表战术侦察。这在很大程度上是为了向英国（UK）政府妥协，因为这些侦察机将大部分部署在英国的空军基地内。除了命名代号，TR-1型侦察机其余均保留了U-2R型侦察机的设计，

上图：NASA用第一代的U-2C（图中上面那架）型侦察机进行了很多高空飞行试验。而由于U-2R型侦察机具有更大的机身，因此具有更大的任务载荷承载能力，为此NASA努力获得了两架该型侦察机，作为高空试验用飞机ER-2。这架飞机（图中上面那架）最初是为空军制造的TR-1A战术侦察机的第三架，后来被NASA长期租借。

并弥补了之前12架飞机的损耗。下线的第一架TR-1型侦察机并未用于军事目的，而是作为ER-2型试验飞机被NASA艾米高空试验中心接收。1981年5月11日，ER-2型试验飞机从洛克希德公司的棕榈谷（Palmdale）基地首飞成功。一年后ER-2型试验飞机开始执行科学试验飞行，随后又有第二架加入。目前，大部分试验是与监测地球臭氧层有关的。第一架TR-1A型侦察机于1981年8月1日首飞，随后第一架TR-1B型教练机于1983年2月23日首飞。

从外观上看，第二批次的侦察机与最初批次的侦察机相比改变很少，只是在次要系统上有所升级，例如通信系统。由于升级了航电设备，第二批次的侦察机在重量上有轻微减重。后来现存的第一批次侦察机也按照第二批次的标准更新升级。

欧洲部署

早期U-2型高空侦察机很早就已经秘密部署在英国境内皇家空军（RAF）的军

事基地中，执行低敏感度的军事行动。因此，1979年在英国的米尔登霍尔萨福克（Mildenhall Suffolk）地区成立了一支U-2R侦察机小队也就不足为奇了。U-2R型侦察机和SR-71"黑鸟"侦察机于当年4月开始执行军事侦察任务，并一直持续到1983年2月。在此期间，英国皇家空军在奥尔肯伯里（Alconbury）地区新成立了第17侦察机飞行联队并配备TR-1A型侦察机。1983年2月12日，第17侦察联队开始执行他们第一次飞行任务，随后于1985年3月接收了另外3架侦察机，这样该联队中TR-1A型侦察机总数达到14架。

欧洲地区的TR-1型高空侦察机经常出现在中欧地区75000英尺（22860米）高空，位于华约组织成员国的边境地区。这些侦察任务为北约组织军事指挥官提供了大量有价值的最新情报，经常导致对威胁的彻底重新评估。

最后一架新建的TR-1A型侦察机（编号80-1099）于1989年10月3日被美国空军接收。加上之前制造的12架U-2R型侦察机，最终第二批次的U-2R、TR-1、ER-2型飞机总共生产了37架。

U-2R型和TR-1A型高空侦察机在"沙漠盾牌"行动和"沙漠风暴"行动中扮演了很重要的角色。1991年10月，

TR-1型侦察机这一命名代号完全废除，所有该型侦察机重新恢复为U-2R或者U-2RT（后来的TU-2R）型侦察机。尽管成本呈螺旋上升，但U-2R型侦察机仍从1994年开始就启动了U-2型侦察机的升级改造项目，其中最重要的提升是动力装置更换为通用电气公司（GE）的F-118-GE-10型涡轮风扇喷气式发动机。改进动力系统的飞机被命名为U-2S或TU-2S（双座）型侦察机。2002年，最后一次改进中升级了全新驾驶舱的U-2S型侦察机，在返厂大修过程中暴露在公众面前，U-2S型高空侦察机必将延续之前U-2系列侦察机传奇的服役纪录。

下图：U-2高空侦察机能够维持长时间的任务飞行，这使得它成为一款能够服务于美国不断增长的军事行动的极其有效的侦查平台，例如在前南斯拉夫波斯尼亚的军事行动中，就有U-2侦察机的身影。

秘密发展
Secret development

在冷战期间，军事指挥官们面临的最大的一个问题就是如何获得重重铁幕对面另一方准确的军事情报。按最高机密生产的U-2型高空侦察机为美国提供了至关重要的航拍影像情报。

冷战期间最具争议性的飞行器的发展要追溯到1952年，此时，关于高空影像侦察平台的观念发展迅速。美国空军将研究项目合同分配给贝尔实验室、费尔柴尔德和马丁公司，最终确定采购马丁公司的RB-57D侦察机，但洛克希德公司主动提交了他们的竞标方案——CL-282

左图：U-2A型高空侦察机凭借其长机翼能够飞行到极限高度——超过75000英尺（22860米）。尽管苏联方面一直致力于"萨姆"（SAM）防空导弹系统的研发，期望能够终结U-2A型侦察机在苏联国土上空肆无忌惮的飞行，但在20世纪50年代后期，飞行在这一高度上的U-2A型侦察机仍无法被有效拦截和威胁。

方案设计。这一方案被美国军方拒绝，因此，洛克希德公司"臭鼬工厂"的总裁克拉伦斯·L."凯利"约翰逊（Clarence L "Kelly" Johnson）将目光转向美国中央情报局。

　　在施行相当程度上的政治手段之后，洛克希德公司最终得到采购合同，获准制造20架飞机，也就是人们所说的U-2型高空侦察机，其代号中U表示的"多功能"，非常贴切地概括了它的角色。美国中央情报局中的代号为"感光板"（Aquatone），并列入绝密项目，并以美

上图：美国中央情报局将U-2A型侦察机用于执行苏联和中国国土上方的侦察飞行任务，同时，美国空军将U-2A型侦察机用于高空取样项目（HASP），目的在于监测全球各地的核爆炸放射性尘埃。为执行此任务，U-2A侦察机在机身左侧加装了一部用于收集微粒的"嗅探器"吊舱。

下图：美国空军的第4028战略侦察中队隶属于第4080战略侦察联队（SRW），装备有U-2A型高空侦察机。第4080战略侦察联队位于得克萨斯州的拉福林（Laughlin）空军基地，同时装备有马丁公司的RB-57D型侦察机。

国空军的名义完成一些部件的采购，尤其是普惠公司（Pratt & Whitney）的J57型发动机。

　　从设计概念上来看，CL-282设计方案是一架有动力的滑翔机构型，将F-104"星座式"战斗机的基础机身与一副大展舷比机翼结合起来。驾驶舱后部拥有一个巨大的隔舱，能够容纳同样秘密研发的大型影像侦查装置。单轮主起落架承担了整架飞机大部分的重量，在机身后部的实心尾轮和翼稍位置可分离的"弹簧高跷式"小轮起辅助作用。

　　在"感光板"项目发展中一个主要的推动力就是美国政府迫切需要对苏联方面的轰炸机部队和洲际弹道导弹（ICBM）

上图：1967年8月28日，U-2R型侦察机的原型机在爱德华兹北部基地上空实现首飞，美国中央情报局编号N803X。U-2R型侦察机与U-2C型侦察机非常相似，并且与之通用动力装置和通信系统。

发展状况的评估，其中美国政府确信在轰炸机部队方面美国与苏联有巨大的差距。为了尽快得到U-2侦察机执行任务，洛克希德公司于1954年10月就冻结设计并迅速开始生产。到1955年7月底，完成的原型机由C-124"全球霸主II"型运输机转移到试验场地进行测试。

秘密基地

秘密基地是干枯的格鲁姆湖，位于内华达州高原沙漠的深处，拉斯维加斯的北部。鉴于该基地拥有宽广的湖床并高度保密，因此U-2型侦察机的试飞员托尼-莱

威尔（Tony Levier）选择此处作为飞行试验基地。保密级别高是由于该基地比较靠近西边的美国主要核武器测试场。在完成重新组装和地面滑行测试之后，绰号"天使"的第一架U-2型侦察机于1955年8月4日首飞成功，这是一系列成功的飞行试验的开始。随后所用的U-2型侦察机都从格鲁姆湖起飞，对于洛克希德和美国中央情报局的员工一般称之为"大牧场"。大

下图：为位于北部基地中美国中央情报局所属的一架U-2R型侦察机和一架U-2C型侦察机。从图中可以看出，两架飞机在尺寸上有很大差异。由于机密的内华达飞行测试基地需要对其他机密飞机进行测试，如洛克希德公司的A-12飞机，因此美国中央情报局将U-2型侦察机的部署移出格鲁姆湖（Groom）。

部分U-2型侦察机并不是在位于伯班克的"臭鼬工厂"主厂房中进行制造组装的，而是在位于奥伊尔代尔（Oildale）地区的小型秘密工厂中完成的，该工厂伪装成一个轮胎仓库。

在U-2型侦察机飞行测试进行的同时，美国中央情报局的飞行员们在格鲁姆湖基地中在新型飞机上进行针对性训练，为他们在欧洲的第一次部署做准备。1956年6月19日，U-2型侦察机执行了它的第一次军事侦察任务，在民主德国和波兰上空进行了一次短距离飞行。7月4日，U-2型侦察机第一次穿越了苏联的领空。U-2型侦察机的整个项目一直处于高度机密状态，并且从最后批准研制到能够完全使用状态仅用时20个月。

上图：Article 351，第一架U-2R型侦察机在位于伯班克的洛克希德公司"臭鼬工厂"中总装。在此时，早期U-2型侦察机的高度机密密级降低，但U-2R型侦察机仍处于高度机密状态，仅秘密地从不为人知的爱德华兹北部基地起飞去执行任务。

U-2型侦察机的发展

随后U-2型侦察机的改进主要在传感器设备上有很大提高，U-2C型侦察机于1958年10月首飞成功。U-2C型侦察机更换了推力更大的J75型发动机，这使得该型飞机的升限超过75000英尺（22860米）。U-2型侦察机还发展了适合舰载任务的着舰钩，适合空中加油的加油设备以及其他适合各种任务的设备。针对U-2型

侦察机的替换机型的研究一直在秘密进行中，但是到1965年，洛克希德公司"臭鼬工厂"的总裁"凯利"约翰逊（"Kelly" Johnson）确信最好的解决方案就是重新进行基本设计，将U-2型侦察机的尺寸近似增大1/3。由于U-2型侦察机的重量一直在增加，高空飞行性能下降，并且J75型发动机动力富余，这使得U-2型侦察机的机身尺寸成为制约性能的限制条件。最终的改进方案是CL-351型方案，有时也叫做U-2N或WU-2C型，服役时命名为U-2R型高空侦察机。该方案使新型侦察机的高空

特性与之前最初的U-2型侦察机相当，但是能够搭载探测设备的重量大大增加，并拥有更远的航程。

尽管U-2R型侦察机起初是美国空军订购的，但是后来美国中央情报局也给出了一些订单。实际上，美国中央情报局率先接收了首批6架U-2R型侦察机，而且后续的飞行试验也主要是在美国中央情报局位于爱德华兹北部基地半秘密的U-2型侦察机执行中心进行的。1967年8月28日，试飞员比尔-帕克驾驶U-2R型侦察机从该中心首飞成功。仅仅一年后，U-2R型高空侦察机便进入现役并执行美国中央情报局的军事侦察任务，飞行于中国台湾和古巴上空。

海上的U-2型侦察机

1964年3月，U-2型侦察机在一艘美国海军航母上实现了第一次航母甲板着舰飞行。共有三架第一代的U-2型侦察机（如U-2G型侦察机）进行了改装，其中包括加强后机身，加装着舰钩，在飞机尾轮前端和翼稍位置加装防护索，机翼上加装扰流板，并改装了主起落架以利于在航母甲板上着陆。在一系列令人满意的测试之后，一架U-2型侦察机被部署在美国海军 "游骑兵"（Ranger）号航空母舰上，目的在于监测并收集法国在1964年5月在太平洋上法属穆鲁罗瓦环礁的核爆试验。有一架U-2型侦察机随后改装为U-2H型侦察机并具有空中加油能力。U-2R型侦察机也同样具备航母起降能力（图示），并于1969年晚些时候由飞行员比尔-帕克驾驶U-2R型侦察机进行了航母起降试验，成功降落到美国海军"美国号"航母上。但由于U-2R型侦察机足够大的有效航程，从现有陆基空军基地起飞足以到达世界上可能需要侦查的地点，因此并没有具体实施任何一次航母起降侦察任务。

军事行动
Operations

由于U-2型高空侦察机及其各系统持续不断进行发展研究，这使得它一直在美国情报搜集工作中保持绝对的领导地位。尽管冷战已经结束，但为了满足美国的全球监视任务需求，U-2型高空侦察机机群仍高度活跃在世界各地。

很少有飞机能像U-2型高空侦察机那样可以被视作冷战的缩影。许多年间，U-2型侦察机一直对被美国总统里根称为"邪恶帝国"的苏联和苏联的盟友进行监视侦察活动。在不同的时期，U-2型侦察机也被委以不同的重任，例如在越南战场上，在中美洲地区以及在中东阿以冲突中。当冷战结束，"新的世界秩序"建立起来后，U-2型高空侦察机

左图：为配合在前南斯拉夫的军事行动，第九侦察机大队在法国南部的伊斯特尔（Istres）地区部署了一支特遣小队。图示的这架U-2型侦察机在负责运营维护的巨大机库外面。它装备有"高级标枪"（Senior Spear）通信系统，并可能在驾驶舱后方的Q舱内载有光学照相机。

凭借其卓越的性能仍跟其在美苏两个超级大国僵持最激烈的时候一样极有价值。

1990年伊拉克入侵科威特，美国的第一反应就是派遣两架U-2R型侦察机进驻沙特阿拉伯。1990年8月17日这两架U-2R型侦察机抵达沙特阿拉伯，并于两天后开始执行军事侦察任务。其中一架U-2R型侦察机装配有"高级范围"（Senior Span）卫星数据链吊舱，收集的情报信息可以实现实时的全球传输；另一架U-2R型侦察机装配有新型的SYERS型电光学照相机。到8月底，又有两架来自英国第17侦察机飞行联队的TR-1A型侦察机加入，这两架飞机均装配有ASARS-2型雷

上图：U-2型侦察机飞行员身穿全增压防护服，以便在高空弹射之后保护飞行员安全，因为在高空中气压极小，此时，无防护措施的人体内部血液会在血管中沸腾。这套防护服配有一个前部的防护带，在防护服急剧膨胀的过程中保护飞行员头部。

达。10月，另一架装配SYERS型电光学照相机的U-2R型侦察机的加入完善了初始的部署。

起初，U-2型侦察机特遣小队叫做"驼峰小组"（Operating Location-Camel Hump，OLCH），后来更名为第1704侦察机飞行中队（临时）。该中队的飞机部署在沙特阿拉伯的塔法（Taif）空军基地，以免遭受伊拉克的攻击。

上图：最新的U–2型侦察机上探测设备是"高级齿轮"（Senior Spur）型，该设备拥有高性能合成孔径雷达（ASARS–2）图像的卫星数据链传输功能。这架U–2型侦察机还装配有"高级红宝石"（Senior Ruby）型机翼吊舱。

"沙漠盾牌"军事行动

在"沙漠盾牌"军事行动期间，5架U–2/TR–1型侦察机持续不断地对伊拉克进行侦察、警戒，使联军指挥官得以对伊拉克军事力量部署进行详细的评估。所有的侦察任务都是在沙特阿拉伯的领空内进行的，期间侦察设备得到的情报信息通过数据链传输到地面站。U–2型侦察机在边境地区执行侦察任务时，经常被伊拉克空军的MIG–25型战斗机尾随跟踪。在1990

年最后一段时间，有更多U–2型侦察机从位于比尔（Beale）基地的第九侦察机飞行联队调配过来，装备有IRIS 3型系统及能提供硬拷贝的H–照相机。

在海湾战争爆发之后，U–2型侦察机部队飞行任务变得密集起来，并且大部分侦察任务是在伊拉克或科威特境内进行的，这些飞行任务的飞行路线事先经详细规划以避免遭受"萨姆"防空导弹系统的打击。在战争初期，一项很重要的任务就是确定伊拉克军队固定式"飞毛腿"导弹发射基地的精确位置的相关情报。U–2型侦察机成功地完成了这一任务，进而使得联军的作战飞机对这些导弹发射基地进行快速的毁灭性打击。有一次，在TR–1型侦察机利用它的ASARS–2型雷达对10处导弹发射基地进行探测拍照后，在不到1个小时时间里，这10处基地即被摧毁。而对车载移动导弹发射平台的精确定位则相对更困难些，通常一架U-2型侦察机执行夜间巡航任务，并有F-15E型战斗机待命。采用这种侦察方式，至少有一个车载移动的"飞毛腿"导弹发射平台被摧毁。

在"沙漠风暴"军事行动中大部分时间里，第1704侦察机飞行中队（临时）部署在沙特阿拉伯的塔法空军基地，拥有12架侦察机，并且一天最多执行8个任务，大多数任务持续8~11个小时。U-2/TR-1型侦察机经常扮演高空空军前进引导员（FAC-forward air controller）的角色，为空袭部队提供作战目标的位置。在短暂的地面战斗期间，配备ASARS-2型雷达的U-2型侦察机不间断地为地面指挥官提供伊拉克装甲部队准确的部署情况。在整个"沙漠风暴"军事行动中，U-2型侦察机部队共执行了260次军事侦察任务，飞行时间超过2000小时。

下图：U-2R/TR-1A型高空侦察机在"沙漠风暴"军事行动中扮演了十分重要的角色，通过雷达成像技术为决策者提供了伊拉克军事部署的详细情报。图示三架U-2型侦察机在沙漠上空进行长时间的工作，在"沙漠风暴"行动结束之后返回到棕榈谷（Palmdale）维护中心进行检修。

想的位置。

第九侦察机飞行联队也继续在韩国和塞浦路斯长期派驻特遣侦察分队。来自乌山（Osan）空军基地的第五侦察机飞行中队，一直对局势瞬息万变的朝鲜半岛进行侦察监视，同时也会在更远处的远东地区冒险侦察。驻扎于塞浦路斯英国皇家空军阿克罗蒂里（Akrotiri）空军基地的第九侦察机飞行联队（RW），其下属第一分遣队（Det 1）负责监测该岛本身对于联合国解决方案的执行情况，同时也执行其他在东地中海沿岸国家的侦察任务。

上图：第九侦察机飞行联队的总部位于加利福尼亚州的比尔（Beale）空军基地，在此，联队为特遣小队供应及补充飞机和人员。该联队中第一侦察机飞行中队负责U-2型侦察机的训练，编制中共有4架TU-2S型侦察机的教练机。

监视伊拉克

海湾战争结束之后，U-2R型高空侦察机一直部署在沙特阿拉伯，作为对伊拉克进行监视和侦察的关键力量。代号"橄榄枝"（Olive Branch）的军事侦察行动，目的在于监视伊拉克境内任何重要部队的移动以及侦察防空雷达和类似的疑似目标的部署。在2002年晚些时候到2003年年初的针对伊拉克的军事行动中，这样的部署也将U-2型侦察机部队置于一个理

另一个主要侦察区域是原南斯拉夫地区。冲突第一次爆发时，第95侦察机飞行中队的U-2R型侦察机（飞机编号TR-1A型于1991年10月停用）从英国的奥尔肯伯里（Alconbury）空军基地出发，到原南斯拉夫地区执行空中军事侦察任务。该中队的地位后来降级为OL（OL-UK），并转移到费尔福德（Fairford）。1995年10月，U-2R型高空侦察机转移到位于法国南部的伊斯特尔（Istres）空军基地，目的在于减少飞往波斯尼亚执行侦察任务的飞行时间。

现代化升级改进

在海湾战争结束之后，鉴于U-2R型高空侦察机在伊拉克上空执行任务时的表现情况，该型侦察机在短时间内便进行了重要的升级改进。Senior Span型卫星数据链替换为Senior Spur型，后者允许传输ASARS-2型雷达图像信息和通信情报。ASARS型雷达增加了移动目标追踪这一很重要的能力，SYERS型照相机增加了双波段功能，能够采用红外线或者可见光波段进行拍照。地面系统的功能也有很大提升，有效利用率提高。此外，U-2R型高空侦察机还将发动机更换为耗油率低的F118型涡轮风扇喷气发动机，可靠性提高，并拥有额外的动力。

美国军事指挥官一直将U-2型高空侦察机视为他们最重要的情报搜集平台，为增强这种信心，1998年6月，美国宣布将对U-2型侦察机进行另一次重要的升级改进，主要集中在更换驾驶舱及航电设备的升级。尽管冷战已经结束了，但由于U-2型高空侦察机在中东、远东和南欧地区还在执行任务，这使得U-2型侦察机的出勤率较以往更加频繁。

下图："高级范围"（Senior Span）构型——采用卫星数据链传输"高级情报眼睛"（Senior Glass Sigint）组件得到情报信息——在波斯尼亚上空应用广泛。

通用动力公司F-16型"鹰隼"战斗机
General Dynamic Corp F-16 "Hawk" fighter

"鹰隼"（Falcon）的起源
Falcon genesis

第一架YF-16飞机在飞行试验过程中的涂装是通用动力公司（General Dynamics）的标准色。在当时，这架飞机的外形是相当与众不同的。

在20世纪60年代中期，随着在越南的美国军事力量逐步加强，以及在河内附近空中军事行动的展开，美军的战斗机变得更重，更贵，更复杂了。美国空军中典型的战斗机是F-4"鬼怪II"型战斗机，改型战斗机拥有弯折机翼、弯折尾翼、两台发动机、双座驾驶舱，外形比较奇特，并且具有良好的机械维护性能。当时，美国空军倾向于尺寸大、载重量大、复杂的战斗机，这就需求有一种能混合F-4型战斗机和F-111型战斗机的功能的未来战斗机，生产成本更高，战斗机系统更加复杂，同时也导致采购装备数量的减少。

1965年，美国空军推动了一项针对低成本高性能战斗机的先进昼间战斗机（Advanced Day Fighter, ADF）项目。这

上图：最初，F-16战斗机仅是作为一款轻型战斗机设计的，但随后飞行员发现，灵活机动的F-16型战斗机在未来将能够执行更多的任务。

与战斗机发展的趋势相背，因此被看做异端的项目。ADF项目计划设计一款战斗机，重量在25000磅（11340千克）左右，拥有高的推重比和翼载荷，使得整体性能比MiG-21型战斗机高出25%。这款战斗机的维护保障将会相对容易，并且价格低廉，使得军方能够大规模采购装备。

经费谈判

ADF项目无法获得五角大楼官员的认可。1967年，苏联MiG-25"狐蝠"型战斗机被披露出来，这加深了传统主义者

的想法，他们认为美国未来的军用飞机应该成本更高并且更复杂才对。

然而，针对1966—1967年第一代F-X型战斗机的研究，更多的与主流观念不同的想法加入到五角大楼的项目中。这里，五角大楼的这一项目研究，目的在于迅速增强美国空军的军事力量，以满足越南战场上多样化的需求。该研究又一次与当时的战斗机研究趋势相背，追求低成本和系统复杂性，但最终该项目研究成果显示，在执行空对地作战任务中，并不比空军"现有的"成品飞机沃特公司的A-7D型战斗机更为出色。

在1969年，一份关于战术空军力量的五角大楼备忘录中建议，美国空军和美国海军都应该接受轻型F-XX型战斗机作为F-14和F-15型战斗机的替代品，以使得两方面都能够将他们的空军规模加倍。但是空军和海军方面都拒绝了这一建议，F-14和F-15型战斗机项目进展顺利，注定要成为性能极好的战斗机，但在重量方面比F-XX型战斗机或任何其他轻型战斗机要重很多。

上图：第二架YF-16原型机在测试期间有过许多不同的涂装方案，包括上图中显示的非常吸引人的粉蓝色和白色的空优低可探测性涂装。

新的开始

1969年时任国防部副部长的大卫·派卡德（David Packard），对简单的战斗机比较感兴趣。更重要的是，大卫·派卡德支持样机研究的想法，指的是在生产型的订单确定之前，参与竞标的军用飞机应该在互相竞争中进行飞行测试。美国空军的支持者们和一部分产业规划者们一直希望派卡德的支持能够使得一款简单的战斗机的设计成为现实并服役军队，例如洛克希

右图：可以看到，F-16A/B型战斗机在通用动力公司的沃斯堡（Fort Worth）工厂中正处于总装的最后阶段，该工厂一项独特的功能就是它拥有长达数英里的战斗机生产线。

德公司的CL-2000型战斗机、诺斯罗普公司的P-530"眼镜蛇"型战斗机、沃特公司的V-1100型战斗机。

在派卡德的支持下，轻型战斗机（LWF-Lightweight Fighter）项目得以实现，并于1972年1月6日向工厂发布投标需求（RFP-request for proposal）。该投标需求包含有Sprey的F-XX型战斗机的设计理念，追求高推重比，6.5g的过载因数，20000磅（9072千克）的最优总重以及高机动性。在1972年3月，在审核5个制造商

的设计之后，空军参谋处决定将波音公司的908-909方案设计作为轻型战斗机项目的首选，其次是通用动力公司的401型战斗机和诺斯罗普公司的P-600双发"眼镜蛇"型战斗机。

进一步研究之后，中将詹姆斯·斯图尔特（James Stewart）执掌下的资源选择管理局（Source Selection Authority，SSA）对通用动力公司的YF-16型和诺斯罗普公司的YF-17型战斗机方案的评价超过了波音公司的方案。美国空军秘书处（Secretary of the Air Force）的罗伯特·C.

下图：为F-16型战斗机可用武器的展示。F-16型战斗机很快就证明了自己能够胜任更多的角色，不仅仅只是一款轻型战斗机。

西蒙斯（Robert C.Seamans）将此定为最终方案，随后轻型战斗机项目进入全尺寸原型机生产阶段。

设计师哈瑞·J.黑拉克（Harry J. Hillaker）负责监督通用动力公司的工程计划。通用动力公司共验证了数十种轻型战斗机的构型，开始于20世纪60年代中期的FX-404型方案，并贯穿通用动力公司的785、786和401型设计方案。今天，F-16型战斗机构型被认为是理所当然的，但在它第一次现身的时候却被认为是相当不寻常的。生产型F-16C型战斗机在外表上与首架YF-16原型机相比改动极少，外形并不是预先确定的。通用动力公司的401型方案通过多个方案、模型以及风洞试验验证了数十个外形构。

操纵杆控制器

从一开始，F-16"鹰隼"型战斗机就拥有一项独特的功能，在飞行员右侧的驾驶舱仪表盘处装有驾驶杆控制器。今天，其他战斗机飞行员仍对这种驾驶杆的位置感觉不舒服，尽管对于中校约翰·巴林杰（John Barringer），美国空军一名典型的经验丰富的F-16型战斗机飞行员，认为这种转变是"我做过的最自然而然的事情"。很显然，左撇子飞行员使用这种操纵杆并不会有任何困难，在后来的F-16型战斗机项目中暴露出仅有的实际问题，以色列飞行员担心他们的右臂可能会在战斗中受伤。

1973年10月13日，YF-16原型机（编号72-1567）从沃斯堡的工厂中装配完成，并于1974年1月8日由C-5"银河"运输机转运至爱德华兹空军基地。它的首飞是次意外。1974年1月20日，在高速飞行试验期间，试飞员菲尔·欧斯忒特（Phil Oestricher）遭遇到一次滚转振动发散，当时没有解决办法，但可以"从这个状态（试飞员进入的）改出至正常飞行"。1974年2月2日，欧斯忒特驾驶飞机进行了首次官方记录的试飞飞行，共飞行90分钟。

1975年1月13日，美国空军秘书处麦克卢卡斯（McLucas）宣布YF-16型战斗机被选为美国空军的先进昼间战斗机。YF-16生产型战斗机的成本要比YF-17型战斗机少250000美元。美国空军的官员也发现，YF-16型战斗机拥有更低的维护成本、更远的航程以及更好的机动性。在美

上图：由于驾驶以往的战斗机飞行很多年，而在这些战斗机中视野相当有限，第一次驾驶F-16型战斗机的飞行员们描述这次经历简直就像"骑在一根巨大的铅笔上飞行"。

国空军的采购之后，F-16型战斗机更被出售到北约组织的其他成员国，这确保通用动力公司的F-16"鹰隼"型战斗机未来的发展及成功。

向全世界推销F-16型战斗机

为了向全世界展示新型F-16战斗机的优异性能，通用动力公司的试飞员在世界各地航空表演中以独特的飞行表演征服了观众，并令未来可能的战斗机采购商产生了极大的兴趣。飞行员尼尔·安德逊（Neil Anderson）（图示左二）和詹姆斯·麦肯尼（James McKinney）（图示左一），是这个飞行表演团队的关键成员。F-16型战斗机拥有独特的座椅位置，并且应用"线传飞控系统"以及操纵杆控制器，在军队的高速喷气机飞行员中激起了一片质疑的声音。然而通过在近距离测试F-16型战斗机，大部分与"战斗鹰"F-15型战斗机配合的表现令人印象深刻。现在，前线飞行员能够驾驶一款可以比人体承受的过载更高的战斗机。在过载的突变过程中，飞行员们第一次发生g-loc症状（过载引起的意识丧失）。在做某些特定的机动动作时，这会导致飞行员中心视力丧失，最坏的情况下会导致飞行事故。后来，飞行员尼尔·安德逊在死于他试飞生涯中g-loc症状导致的事故中。

F-16A/B型战斗机简介
F-16A/B Briefing

在飞行测试阶段已经显露出极好的飞行性能，F-16"鹰隼"型战斗机已成为西方世界重要的战斗机之一。F-16型战斗机的早期型号已经在美国空军和外国用户中取得了破纪录的销量。

通用动力公司（现为洛克希德·马丁公司）的F-16型战斗机持续进行改进。一系列复杂的改进直接导致F-16型战斗机拥有大量的改型以及改型生产过程中不同的批次，并且各自拥有独特的功能及可辨识的特征。

FSD型 F-16A/B

通用动力公司制造了8个全面研究发展（full-scale development，FSD）项目的F-16A/B型战斗机的机身件。1976年10月8日，FSD F-16A型战斗机在沃斯堡首飞成功，随后，双座型的FSD型F-16B战斗机于1977年8月8日也首飞成功。这些FSD型战斗机的显著特点是机头位置的黑色雷达罩和机身两侧黑色雷达告警接收机（RWR）。FSD型F-16战斗机机身长49英尺6英寸（15.09米），垂尾最高处离地16英尺8英寸（5.08米），采用威斯丁豪斯公司的AN/APg-66型雷达。随后试飞的FSD型F-16B战斗机是双座型，但与F-16A战斗机相比飞机的尺寸和重量没有变化，而且气动阻力也没有增加，唯一变化的是F-16B战斗机可携带的燃油容积少了1500磅（580千克）。

上图：有四个欧洲国家选择采购并装备新型F-16型战斗机，该型战斗机不仅在飞行速度上比俄罗斯最新型的战斗机要快，更能在实战中击败对手。替换掉过时的装备，例如F-104"星座"型战斗机，F-16A型战斗机的服役使得空军力量战斗力突飞猛进。

大多数FSD型战斗机主要扮演飞机测试平台的角色，并且第三架和第四架FSD型F-16A型战斗机被改装为F-16XL型战斗机。

第1批次的F-16A/B型战斗机

第1批次的F-16A/B型战斗机保留了黑色雷达罩和黑色的雷达告警接收机。动力装置采用的是普惠公司（Pratt & Whitney）的F100-PW200型涡轮风扇喷气式发动机。

针对F-16型战斗机的辨识，初期便建立了一套复杂的系统。起初，通过改变战斗机型号字母后缀，来区分单座型的F-16A和双座型的F-16B型战斗机。1982—1984年，当时仍服役的第1批次和第5批次F-16A/B型战斗机，通过改进附属设备翻新为第10批次的F-16A/B型战斗机。

第5批次的F-16A/B型战斗机

第5批次的F-16A/B型战斗机雷达罩

变为灰色，并且雷达告警接收机变为标准的机头位置。动力装置仍采用普惠公司的F100-PW200型涡轮风扇喷气式发动机。

第10批次的F-16A/B型战斗机

第10批次的F-16A/B型战斗机在内部附属设备和系统上有改进。

有24架第10批次的F-16A/B型战斗机改进了近距空中支援系统，原来为339磅（154千克）的通用电气公司的GPU-5/A型机枪，更换为Pave Claw机枪，包含4管的GAU-13/A型机枪，这是A-10对地攻击机中采用的7管的GAU-8/A型机枪的改型。该近距空中支援系统不太适合用于F-16型战斗机，因此改装的这一批具备装载近距空中支援系统能力的F-16型战斗机

一直贮藏在仓库里。

有部分第10批次的F-16A/B型战斗机改为GF-16A型对地支援战斗机。

第15批次的F-16A/B型战斗机

第15批次的F-16A/B型战斗机的平尾加大，这使得起飞过程中平尾舵偏角减小，并允许飞机能够在更高的迎角范围内飞行。在雷达天线罩下方，有两个平行的

下图：单座型F-16型战斗机已有许多架进行过飞行测试，但双座型的F-16型战斗机只有有限数量的飞机进行飞行测试。早期F-16型战斗机一个很大的特征就是其机头雷达整流罩是全黑色的。双座型F-16型战斗机的一个预想的角色是执行国土防空任务，也就是大家所熟知的"野鼬鼠"（Wild Weasel）任务。

上图：四个欧洲国家（比利时、丹麦、荷兰和挪威）采购并装备有大量的F-16A型战斗机，在这些国家经常称之为"世纪采购"。图示为一架美国空军F-16型战斗机与上述四个国家的F-16A型战斗机编队飞行。

雷达告警接收机天线，并且在进气道入口下方没有片状天线。

AN/APG-66型雷达作了较小改动，为战斗机提供了有限的扫描—追踪能力。在改变驾驶舱布局的同时，引入了一套Have Quick超高频（UHF）安全通信系统。荷兰的第15批次的F-16A（R）型战斗机还装备有欧德代尔夫特公司（Oude Del英尺）"俄耳甫斯"（Orpheus）型昼间/夜间侦察系统，该侦察系统之前在F-104战斗机上曾被使用过。

第15批次（OCU）的F-16A/B型战斗机

第15批次的作战性能升级（OCU）F-16型战斗机进行了结构加强、附属设备的改进，以及引入了平视显示器（head up display，HUD）——该平视显示器应用于F-16C/D型战斗机。该改进项目主要升级了雷达和相应软件，火控和存储管理计算机，并为AN/ALQ-131型干扰系统添加了设备。为提高可靠性，动力装置更换为F100-PW-220E型涡轮风扇喷气式发动机，推力为26660磅（11832千牛）。

第15批次（MLU）的F-16A/B型战斗机

第15批次战斗机的中期升级（MLU-mid-life update）项目将F-16A/B型战斗机的驾驶舱升级为与第50或52批次的F-16C/D型战斗机所用的驾驶舱相似的。装载有AN/APG-66（V2A）型火控雷达、GPS（全球定位系统）导航系统，以及广角的平视显示器，具备夜视功能，采用模块化的任务计算机以替代之前的三个，并配有数字地图系统。升级后的第15批次（MLU）战斗机飞行员将配备头盔显示器以及黑兹尔坦公司的AN/APX-111问询/收发雷达。直到2005年左右，第15批次MLU的F-16A/B型战斗机才陆陆续续从洛克希德公司的沃斯堡工厂中升级完成。

1992年9月，有4架战斗机被运送到沃斯堡的工厂中，作为MLU升级改进计划的原型机。

第20批次的F-16A/B型战斗机

第20批次的F-16A/B型战斗机是专为中国台湾设计制造的。之前F-16系列战斗机的生产批次已经有了第15批次到25批次（之后就是F-16C/D型战斗机的第1批次生产），这里第20批次是往回命名的。起初第20批次只针对为中国台湾生产的120架F-16A型战斗机和30架F-16B型战斗机，最后洛克希德公司将所有经过MLU升级的F-16战斗机都归为第20批次。中国台湾的F-16型战斗机拥有改进的AN/APG-66（V）2型雷达，但采用不同的敌我识别器（IFF），采用雷声公司的AN/ALQ-183电子对抗设备替代威斯丁豪斯公司的AN/ALQ-131型。

下图：充分补给航空炸弹和空对空导弹后，这架F-16型战斗机在跑道上滑行，准备执行黄昏的轰炸任务。毫无疑问，对通用动力公司来说，F-16型战斗机绝对是一款成功的机型。

F-16A "鹰隼"型战斗机

这架F-16A型战斗机涂装标识为委内瑞拉空军。共有24架F-16A型战斗机交付给位于马拉凯（委内瑞拉北部城市）的Gropo de Caza16中的两个中队，但涂装序列较混乱，常使军事观察者感到迷惑。尽管空对地任务也很重要，但这些F-16A型战斗机的主要任务还是防空，因此涂有伪装色。

机翼

机翼由11根墙、5根肋、上下承力蒙皮构成。由于翼身融合体构型，机翼根部结构重量轻，强度和刚度大。机翼前缘后掠角为40°，翼型选取的是NACA 64A-204。

座舱盖

整体成型的座舱盖为飞行员提供了无与伦比的驾驶视角。具体参数为：环视视角360°，前后视角195°，两侧下视40°，前端下视15°。飞行员对该型座舱盖提供的视野范围高度赞赏。

前起落架

F-16A型战斗机发动机进气道入口很大，而且离地面较近，因此对发动机吸入异物造成的损伤较为关注。F-16A型战斗机的前起落架位于发动机进气道入口之后，防止异物被吸入发动机中。收起前起落架的过程中，前起落架旋转90°，最后水平收在进气道入口下方。

刹车阻力伞

委内瑞拉和挪威所用的F-16型战斗机拥有加长型的尾椎整流罩，内部设有阻力伞，主要用于飞机在较短的跑道或是雪地湿滑的跑道能够成功刹车。比利时的F-16型战斗机尾椎整流罩中则有一套电子对抗系统。

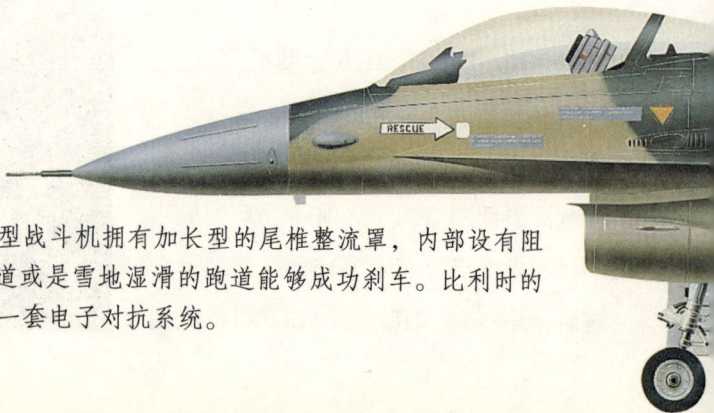

出口型

F-16A/B型和F-16C/D型战斗机都曾出口给外国用户，F-16E/F型战斗机主要是为阿拉伯联合酋长国（UAE）这一主要客户研究的改型。美国优先将性能较次的F-16/79型战斗机出口给外国用户，但如果这些用户有办法得到性能更全面而不是功能有所保留的F-16型战斗机，没有国家会接受F-16/79这一较次的战斗机。

弹射座椅

后倾30°以充分利用空间，麦克唐纳—道格拉斯公司的ACES Ⅱ型弹射座椅能够实现0-0（零速度－零高度）弹射逃生能力。弹射座椅倾斜线突起以克服倾斜趋势，并提高飞行员的过载承受能力。

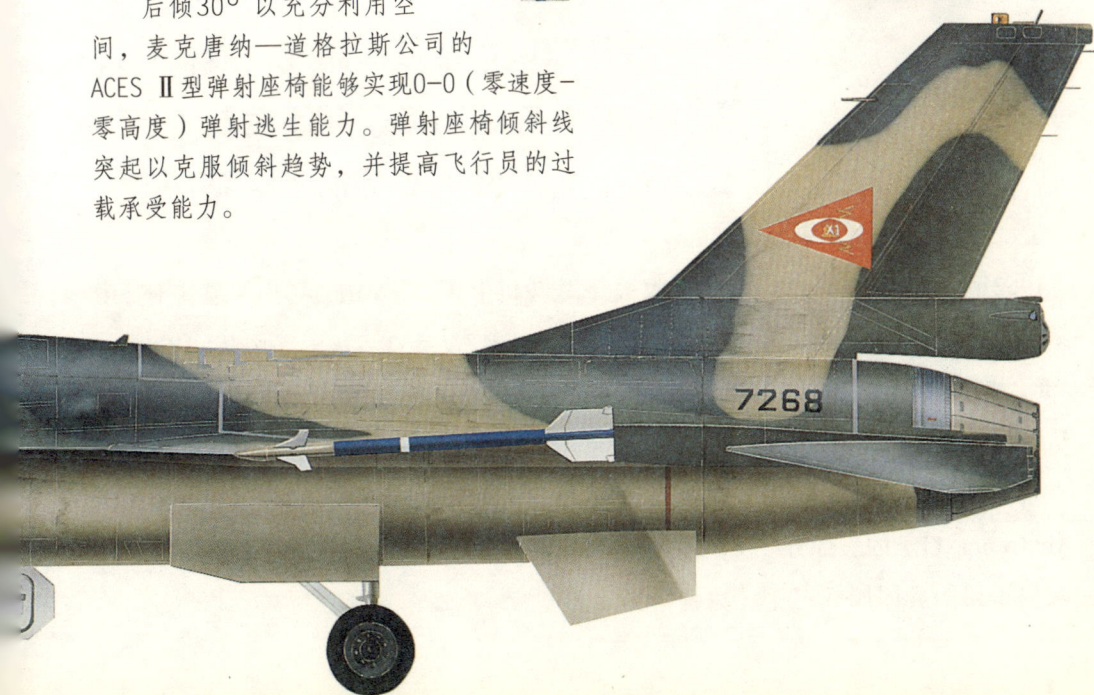

美国海军陆战队的F-4"鬼怪"战斗机
F–4 Phantom – USMC Vietnam ops

简介
Introduction

美国海军陆战队（USMC–Marine Corps）的"鬼怪"（Phantom）式战斗机一般从陆地空军基地起飞，飞行环境复杂多变，在越南战争期间主要负责近距离空中支援（CAS）和照相侦察任务。

1962年，美国海军陆战队开始接收第一架麦克唐纳-道格拉斯公司的F-4B"鬼怪Ⅱ"型战斗机。到1963年，海军陆战队已经拥有足够的战斗机装备3个F-4战斗机中队，作为海军陆战队空军11团（Air Group-11）的一部分。美国海军陆战队空军11团和团属的三个"鬼怪"式战斗机中队——VMFA-314"黑骑士"中队、VMFA-531"灰鬼"中队和VMFA-542"孟加拉棉"中队，转移到日本的厚木地区的海军航空站，在1963年晚些时候，当东南亚地区的冲突爆发时，该部队已经万全准备好执行作战任务。

进驻越南

1965年5月10日，VMFA-531中队的一批15架F-4B型战斗机抵达位于南越东北海岸的岘港。作为海军陆战队在越南的第一款陆基型战斗机，最初是安排执行美国海军陆战队战区的防空任务，但很快F-4型战队便显示出其在执行近距离空中支援任务的巨大优势。因此，VMFA-531中队开始执行雷达导引下的轰炸、闪光照明的夜间攻击，以及为地面的海军陆战队提

上图：这架编号VMFA-323的F-4B型战斗机装备有AIM-7"麻雀"空空导弹以及很重的Mk 82型航空炸弹。海军陆战队在越南上空很少有机会使用AIM-7空空导弹，却在近距离空中支援任务中消耗了大量的弹药。

供常规的近距离空中支援任务。VMFA-314"黑骑士"中队、VMFA-323"死亡响尾蛇"和VMFA-542"孟加拉棉"随后也都抵达岘港，与"灰鬼"中队一同作战。1965年6月，VMFA-513"飞行梦魇"中队也抵达岘港，随后在10月份飞回

上图：拍摄于1972年，编号VMFA-115的F-4B型战斗机打开它的机身下方的投弹舱门，正在投放Mk 82 LDGP型航空炸弹。该战斗机在美国海军陆战队位于东南亚的三个陆地空军基地都执行过任务。

美国。

　　在作战前期，岘港地区的条件相对简陋。由于基地内的作战部队太多，这也导致因设备短缺引起的问题层出不穷。由于在越南战争早期，岘港附近的

右图：对于无武装的RF-4B型侦察机的飞行组员来说，侦察机飞临目标上空时的速度更重要。执行拍照操作需要侦察机维持飞行稳定，通常高度在3500英尺（1067米），飞行速度在600节（691英里/小时或1112千米/小时）左右。

空军基地是美国在南越唯一能够起降喷气式飞机的基地，因此在此期间，城市和机场都极度拥挤繁忙。这种拥挤繁忙从两个方面影响到海军陆战队的"鬼怪"战斗机部队。

　　第一方面就是促使建立第二座海军陆战队的军事基地。应用战术支援小型机场（SATS）系统，海军陆战队在岘港南部周莱（Chu Lai）地区建立了一个新的空军基地。战术支援小型机场（SATS）等同于陆上的航母甲板，采用二手的铝合金薄板建造一个短距跑道，配备移动弹射装置（MOREST）。周莱的新基地在缓解岘港基地压力的同时，还可以允许额外部署两

支F-4战斗机飞行中队。

　　第二个方面则是一起可怕的空中撞机事故。一架VMFA-342中队的F-4B型战斗机迎面与一架VMGR-152中队的KC-130F运输机相撞。讽刺的是，美国海军陆战队的F-4型战斗机的日常任务就是负责这些加油机的防卫，并且依靠这些加油机得到空中燃油补给。在这起事故中的加油机正在与两架VMFA-314中队的F-4战斗机连接并为它们进行空中加油。F-4B型战斗

上图：编号VMFA-115的这架F-4B型战斗机机翼下方的三联装（TER）挂架上装配有Mk 82 "蛇眼" 型航空炸弹，响尾蛇导弹挂架位置内侧装载两个 "祖尼" （Zuni）型导弹，并且这架飞机在机身下面还将挂载至少一个凝固汽油弹。

机撞到了加油机的右机翼，这架F-4B型战斗机和KC-130加油机全部坠毁并且8名机组成员无一幸免。正在与加油机对接进行空中加油的两架F-4型战斗机，一架在飞行员弹射后坠毁在海上，一架成功迫降

上图：1972年某日，这架编号VMFA-333的F-4J
型战斗机正飞离美国航母"美国"号。美国海
军陆战队的一些陆基飞行中队也有一些F-4J型
战斗机，包括在泰国南蓬的空军基地驻扎的部
队。1973年，位于泰国南蓬的F-4J型战斗机部队
成为美国最后一支离开东南亚的美国空军作战
部队，在此之前还对柬埔寨的"红色高棉"武
装力量进行了轰炸袭击。

在周莱空军基地。

相比岘港基地，周莱空军基地的条件更
简陋。由于灰尘和空气湿度大的缘故，两
个基地的航电设备都因此出现问题。并且
两个基地也都易遭受越南的迫击炮袭击。

基地防御

为了对付岘港周边地区的越南共产党

（VC），美国海军陆战队命令F-4型战斗
机执行短程任务，不携带副油箱，但是挂
载多达24枚500磅（227千克）Mk 82航空
炸弹。在遭受越南共产党部队攻击期间，
"鬼怪"战斗机每10分钟便会投弹一次。
对于周莱空军基地，越南共产党的袭击
更为严重。从基地建设的最初开始阶段
便面临现实的攻击压力，当基地最终建
设完成，其周边一直存在约3000人的北越
部队持续进行骚扰。美国海军陆战队的
"鬼怪"战斗机采用相同的策略保卫周
莱基地，但在这里他们几乎一起飞便开始
轰炸。

到1969年，只有VMCJ-1部队的RF-
4B"鬼怪"侦察机仍驻留岘港基地，而在
周莱基地，四个F-4战斗机中队和新成立

的MAG-32中队一起撤离该基地。这种部署一直持续到1972年，这时美国海军陆战队的第三个基地在泰国南蓬地区建立起来。

1966年9月3日，VMCJ-1中队的照相-侦察型"鬼怪"战斗机从岘港基地起飞，开始执行其第一次任务。该部队驻扎岘港基地一直持续到1970年，在此期间曾有一架飞机遭受AAA攻击，但是没有坠毁，因此没有损失一架飞机。

另外一个被美国海军陆战队"鬼怪"战斗机飞行员称为家的基地是美国海军"美国"号航空母舰。1972年7月5日到1973年3月24日，VMFA-333"酢浆草"中队一直伴飞从航母上起飞的美国海军的VF-74飞行中队。1972年9月10日，该中队取得了美国海军陆战队"鬼怪"战斗机中第一个击落米格战斗机的荣誉。在河内附近，两架F-4J型战斗机遭遇3架米格-21型战斗机并与之战斗，在发射4枚"麻

下图：照片上显示的是1972年，一架F-4J型战斗机位于泰国南蓬。这架F-4J型战斗机隶属于VMFA-232飞行中队，队标在飞机后面的房屋上有显示。注意已经折起的外翼段。

雀"导弹和2枚"响尾蛇"导弹后，击落一架米格-21战斗机。随后另一架米格-21战斗机被侧翼的一架F-4J战斗机击落。几乎在这次战斗一结束，这两架"鬼怪"战斗机便被"萨姆"防空导弹击落，驾驶员弹射逃生降落到海上。更早些时候，由海军陆战队的交换飞行员驾驶一架F-4D战斗机击落过米格战斗机，同时另一个美国海军陆战队飞行员驾驶一架美国空军的F-4E战斗机利用海军的RIO击落了另一架米格战斗机。

对美国海军陆战队的"鬼怪"战斗机来说，战术标准装备是凝固汽油弹、Mk 80系列航空炸弹以及无制导火箭弹。后来，口径5英尺（127毫米）的"祖尼"（Zuni）也在武器选择之列，此时Mk 81和Mk 82系列航空炸弹已经频繁使用。在岘港基地行动开始的最初阶段，美国海军陆战队经常向海军"借"武器装备，包括Mk 82"蛇眼"航空炸弹，这种弹药当时不在海军陆战队的武器清单中。尽管陆战队的飞行员们并没有接受发射这种炸弹的训练，但他们很快发展出他们自己的应用策略，随后在1967年Mk 82航空炸弹正式列入美国海军陆战队军需装备清单。

为保持他们发现自己所处的不寻常状态，"鬼怪"战斗机飞行员很快开始适应并改变现有的战术策略，或发展适用的新型战术。由于F-4战斗机的主要任务是近距离空中支援（CAS），因此他们常常会飞入敌军AAA的交战区域。为了最小化被击落的风险——美国海军陆战队的"鬼怪"战斗机大部分被AAA击落，发展出一种采用高速攻击的战术策略。这种攻击方式也经常以最低高度飞行，VMFA-122飞行中队报告称他们以600节（691英里/小时或1112千米/小时），最低飞行低至25英尺（7.62米）实施攻击。

当大批战斗机攻击一个单独目标时，"鬼怪"战斗机将成对飞行并分布在不同高度，在目标上空做圆周运动，总体呈圆锥体的形式。圆锥体的顶点位于目标点位置，"鬼怪"战斗机随高度的降低逐渐缩小旋转半径，最后缩到作战目标上空，再完成攻击任务。圆锥体母线的斜率等于该攻击行动的俯冲角。曾有美国海军陆战队飞行员报告说，由于攻击战斗机周围地区的AAA系统非常活跃，这使得他们很少有机会能顺利投弹。然而他回忆道，一旦他到达目标上空准备实施投弹作业，顾不上考虑什么AAA系统以及到底能否命中目标。

美国海军和美国海军陆战队型号
US Navy and Marine Corps variants

F-4A（F4H-1/F4H-1F/98AM方案）

在F-4的两架原型机完成之后，生产了45架F4H-1型战斗机，后来重新命名为F4H-1F。1962年9月，服役型号命名为F-4A型战斗机。刚开始的前21架该型号战斗机属于预生产型，结构变动较大。第一架战斗机还保留了原型机上小雷达天线罩和低驾驶舱盖的特征，但从第19号战斗机开始，采用加大的座舱盖和加大的雷达天线罩。动力装置采用J79-GE-2A型发动机，后期型号采用J79-GE-8型，下图所示是后期型号F-4A型战斗机中的第8架。该型号战斗机并没有开赴前线，大多数执行测试和飞行训练任务。

F-4B（F4H-1/98AM方案）

F-4B型战斗机最初是以F4H-1型号（更早的该型战斗机被重命名为F4H-1F）来设计制造的。F-4B型战斗机（1962年9月以后生产的F-4战斗机）是第一款确定的生产型战斗机，总共生产了649架。1961年3月25日，托马斯·哈瑞斯（Thomas Harris）驾驶飞机成功首飞。第一架F-4B型战斗机几乎与最后的F-4A型战斗机相同，但F-4B型战斗机被视作完全作战形态，装备APQ-72型雷达、AJB-3型核轰炸系统、ASA-32型自动飞行控制系统以及一系列潜挂载点。动力装置为J79-GE-8或者J79-GE-8A型发动机，从第19架F-4B型战斗机（以及更早机型的翻新机）上开始使用APR-30雷达的XX和告警系统。1961年春天，美国海军首先得到F-4B型战斗机，Miramar地区的VF-121"引导者"中队是第一个接收F-4B型战斗机的作战部队，该中队负责西海岸飞行训练任务。随后，东海岸的训练部队VF-101"残酷收割者"中队也接收到了F-4B型战斗机。大西洋飞行联队的VF-74"Bedevilers"中队成为首支接收F-4B型战斗机的前线部队，部署在美国海军"佛瑞斯塔"（Forrestal）号航空母舰上。1964年8月5日，F-4B"鬼怪"战斗机的第一次作战发生在东京湾战役中，随后在1965年4月9日，F-4B型战斗机的首次空对空击落纪录诞生，一架VF-96飞行中队的F-4B型战斗机击落了一架米格-17战斗机。F-4B型战斗机在美国海军和美国海军陆战队中均服役多年，海军陆战队中最后一架F-4B型战斗机于1978年1月退役。很多F-4B型战斗机后来升级为F-4N型战斗机，或用于特殊用途，例如改装为试验用的NF-4B型飞机和无人驾驶的QF-4B型飞机。

RF-4B（F4H-1P/98DH方案）

　　RF-4B型侦察机由美国空军的RF-4C型侦察机发展而来，在外观上大体相似。该型侦察机是为美国海军陆战队设计制造的，目的在于为其提供有机的战术侦察能力（美国海军认为自己已有的RA-5C和RF-8A/G型侦察机已经可以满足需求）。1965年3月12日，Irving Burrows驾驶飞机成功首飞，RF-4B型侦察机以F-4B型战斗机的机身为基础，机头部分内有一部侦察照相机、红外行扫描器（IR linescan）和一部侧视机载雷达（SLAR）。最后12架（总共46架）RF-4B型侦察机采用的是F-4J型战斗机的厚机翼。最后3架RF-4B型侦察机机头下方有圆形的突起，这经常在很多RF-4C型侦察机（下图）上见到。

F-4G

有12架F-4B型战斗机升级改装为F-4G型战斗机，该型战斗机拥有ASW-13型数据链系统，允许自动驾驶进行飞行拦截，以及自主着陆。后一种功能需要在战斗机前起落架之前安装一个可收放的雷达反射装置。自1965年10月开始，在越南共有10架F-4G型战斗机服役于VF-213飞行中队。在此期间，这批战斗机的涂装试验采用黑-绿迷彩。1966—1967年，虽然F-4G型战斗机的某些部分已经与F-4B和F-4J型战斗机相同，但最终这些F-4G型战斗机又被"再改装"为F-4B型战斗机。

上图：可以看到，在这架VF-213中队的F-4G型战斗机前起落架前方位置是可收放的雷达反射装置，与船上舷侧的SPN-10型雷达一起工作，使得该型战斗机可以实现航母甲板自主着舰。

上图：为VF-213飞行中队的F-4G型战斗机，1965—1966年间在美国海军"小鹰"号航空母舰上执行战备值班任务。

F-4J（98EV方案）

F-4J型战斗机是美国海军和美国海军陆战队使用的第二款主要的F-4生产型战斗机，该机拥有一系列新的特征。动力装置选择J79-GE-10型发动机，特征为发动机喷口更长，采用开缝的水平安定面来获得起飞时平尾上向下的更大的力，采用下垂的副翼来减小飞机接地速度。飞机起落架得到结构加强并且加大，这使得机翼上下多出鼓包来包覆更大的起落架。在航电设备中，F-4J型战斗机采用AWG-10型火控系统、APG-59型雷达以及其他设备，例如一个单通道数据链系统。机头下方的IRST系统将雷达寻的和告警(RHAW)升级为APR-32型，天线布置更为简洁。在F-4J的服役期间，有过几次升级改装，特别是在进气道入口侧边整流罩上加装ALQ-126型电子对抗设备。F-4J型战斗机总共生产522架，首飞于1966年5月27日成功完成。1966年10月VF-101飞行中队是第一个接收F-4J型战斗机的部队，随后该型战斗机

被部署到越南作战。有15架多余的该型战斗机被英国皇家空军购得，命名为F-4J。其他F-4J型战斗机后来升级改装为F-4S型战斗机。

F-4N

在"蜜蜂线"工程项目中，美国海军将228架F-4B型战斗机升级为F-4N型战斗机。1972年1月4日，第一架F-4N型战斗机首飞成功。该工程项目延长了战斗机结构的使用寿命，改进了部分航电设备，包括一台新的任务计算机以及在进气道侧边整流罩上加装ALQ-126迷惑型电子对抗设备。F-4N型战斗机最好识别的特征是它保留了F-4B型战斗机机头下方的IRST系统和J79-GE-8型发动机。在"蜜蜂线"项目中，所有的战斗机均采用F-4J型战斗机上应用的有缝的平尾（一些F-4B型战斗机已

经采用），并将内侧前缘襟翼锁死，这被证明可以提高升力和稳定性。从1973年开始交付，F-4N型战斗机一直服役到20世纪80年代中期。下图所示是VMFA-321飞行中队的F-4N型战斗机。

F-4S

受"蜜蜂线"项目成功的激励，美国海军决定将F-4J型战斗机的航电设备升级进行到底，这促使F-4S型战斗机的诞生。1977年7月22日，F-4S型战斗机首飞。除了采用数字AW-10B型火控系统和无烟的J79-GE-10B型发动机，F-4S型战斗机最主要的改变就是加装了双向前缘襟翼调整片，这使得转弯性能大大提高。美国海军陆战队的最后一架F-4S型战斗机（隶属于VMF-112部队）于1992年早些时候退役。

特殊用途型

除了上述主要战斗机型号外，F-4型还有过几款用于特殊用途的型号。有一架F-4B型战斗机被改装为EF-4B型电子战飞机，装备VAQ-33系统，随后该中队又得到了两架EF-4J型电子战飞机。有两架F-4B型战斗机改装为NF-4B型试验飞机，之前有一架F-4B型战斗机成为YF-4J（F-4J型战斗机的原型机），目前作为弹射座椅的测试平台。相当数量的F-4型"鬼怪"战斗机被改装为无人机，作为导弹和其他测试的平台，具体型号有QF-4B、QF-4N，以及一架原型机QF-4S。至少一架F-4J型战斗机被改装成DF-4J型无人机，作为穆古海军基地(NAS Point Mugu)的无人指挥飞机。有7架F-4J型战斗机被改装成"蓝天使"飞行表演队的表演用飞机，不过后来留下来的飞机又被重新改装成作战飞机。

左图：Point Mugu是美国海军大部分导弹试验计划的基地。上图所示为基地中的DF-4J型无人指挥飞机，下图为QF-4N型无人机。

海军/海军陆战队机型

F-4B（早期）

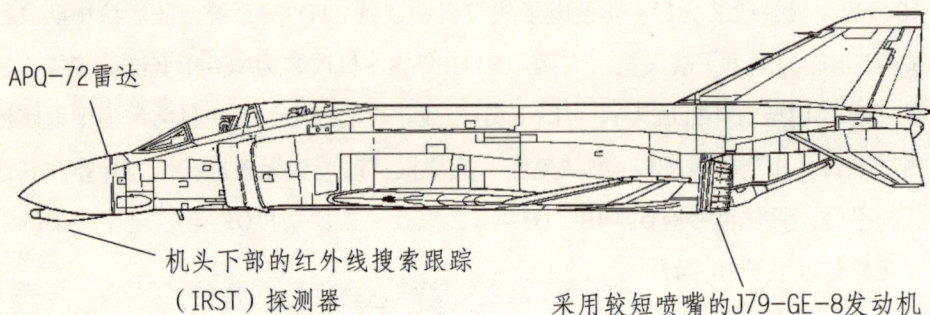

APQ-72雷达

机头下部的红外线搜索跟踪
（IRST）探测器

采用较短喷嘴的J79-GE-8发动机

F-4N

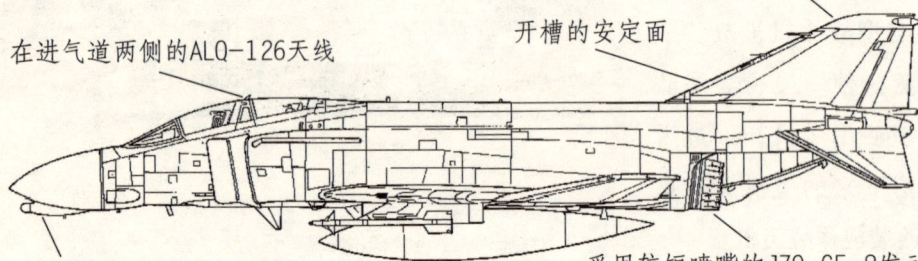

APR-32 雷达寻的与
告警系统（RHAW）

开槽的安定面

在进气道两侧的ALQ-126天线

机头下部的红外线搜索跟踪
（IRST）探测器

采用较短喷嘴的J79-GE-8发动机

F-4B(晚配置)

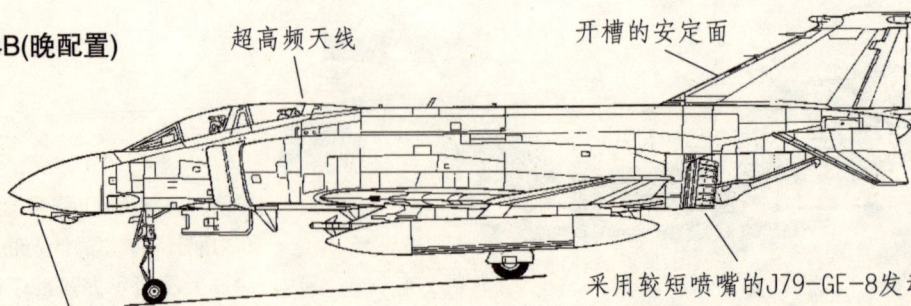

超高频天线

开槽的安定面

采用较短喷嘴的J79-GE-8发动机

机头下部的红外线搜索跟
踪（IRST）探测器

F-4J

APR-32 雷达寻的与
告警系统（RHAW）

开槽的安定面

AWG-10火力控制系统

没有安装红外线搜索跟踪（IRST）探测器

采用较长喷嘴的J79-GE-8发动机

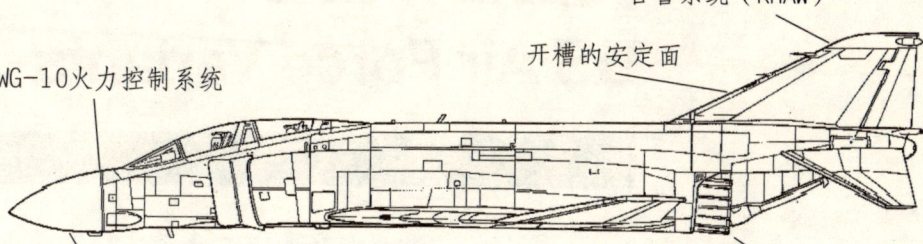

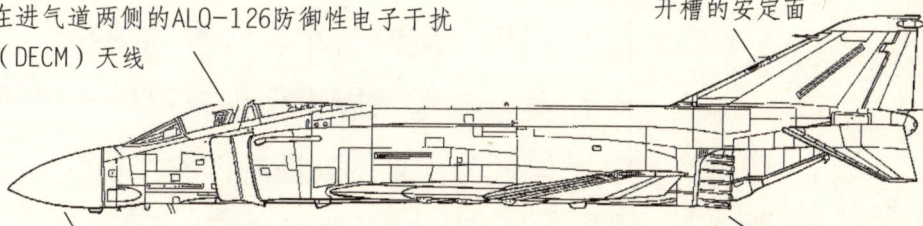

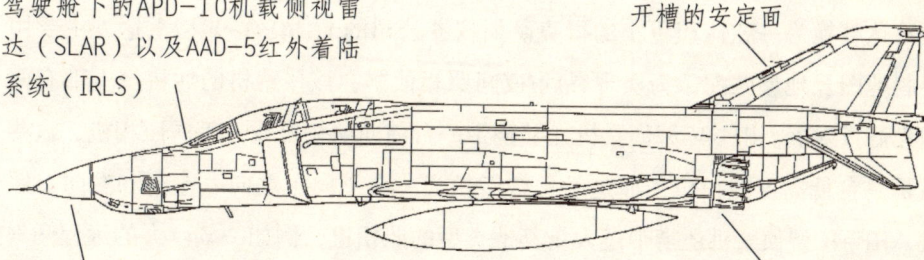

F-4S

在进气道两侧的ALQ-126防御性电子干扰
（DECM）天线

开槽的安定面

没有安装红外线搜索跟踪（IRST）探测器

采用较长喷嘴的J79-GE-8发动机

RF-4B（后期）

驾驶舱下的APD-10机载侧视雷
达（SLAR）以及AAD-5红外着陆
系统（IRLS）

开槽的安定面

没有安装红外线搜索跟踪（IRST）探测器

采用较长喷嘴的J79-GE-8发动机

美国空军型号
US Air Force Variants

尽管起初美国空军不太情愿去飞一款最初是为美国海军设计的战斗机，但他们无法忽视F-4"鬼怪"战斗机的杰出性能。刚开始时，美国空军所装备的F-4型战斗机与美国海军相比改动很小，但最终美国空军发展出他们自己的能够满足不同任务需求的高性能作战飞机型号。

RF-4C（98DF方案）

RF-4C型侦察机主要基于F-4C型战斗机的机体结构设计，加装的一些设备相应地减少了该侦察机的内部燃油容积。所有的RF-4C型侦察机都保留了核能力，后期服役的侦察机经常挂载响尾蛇导弹用于自卫。F-4C型战斗机采用的AN/APQ-72型雷达替换为一款体积更小的得克萨斯仪器公司的AN/APQ-99型雷达，主要用于绘制地图及地形匹配。为实现昼间/夜间照相侦察，该侦察机的后机身上部有两对闪光灯投射器。RF-4C型侦察机能够携带一台前向照相机或者垂向照相机，这些之后是一台低高度照相机，而这经常被替换为一台三向（垂向、左向和右向）照相机。RF-4C型侦察机还携带过大量其他类型的照相机，例如一款巨大的远程倾斜摄影机（LOROP），装载于机身下的吊舱中。最初计划RF-4C型侦察机装备14个飞行中队，1965年该型侦察机首次执行任务。1964年9月24日，位于南卡罗来纳州肖空军基地的第33战术侦察机训练中队接收到第一架生产型RF-4C型侦察机。1965年8月，第一个RF-4C型侦察机作战中队——位于肖空军基地的第16战术侦察机中队做好战斗准备，并于1965年10月赶赴越南执行任务。少量美国空军和空军国民警卫队（ANG）的RF-4C型侦察机参加了"沙漠风暴"军事行动。除F-4E型战斗机以外，RF-4C型侦察机比其他任何一款F-4型飞机都生产得更久。美国空军中最后一支RF-4C服役的部队是空军国民警卫队的第192侦察机中队，最终于1995年9月27日全部退役，随后该中队的6架RF-4C型侦察机被运往西班牙。

F-4C（98DE/DJ方案）

美国空军的特殊作战装备需求计划要求在美国海军的F-4B型战斗机基础上改装一款战斗机，要求增加对地攻击能力，并能够实现后座飞行员的双控制。典型海军型战斗机的特征仍然保留了下来，如可折叠机翼，弹射和着舰用的钩。动力装置仍采用通用电气公司的J79-GE-15型发动机，完备的弹药架也没变。美国海军型战斗机采用的高压轮胎替换为更大的较低胎压轮胎，而且美国空军型F-4战斗机在机身背部加装了空中加油的受油装置。驾驶舱更换了新型的驾驶盘，F-4B型战斗机上的AN/APQ-72型雷达替换为APQ-100型，增强了F-4C型战斗机的对地攻击能力。所有的美国空军单位都得到装备补充。位于佛罗里达州麦克迪尔（MacDill）空军基地的4453联队（战斗机飞行员训练联队）接收了27架F4H-1（F-4B）型战斗机，为使用F-4C型战斗机做准备，随后第12战术飞行联队接收到第一批F-4C型战斗机。美国空军在越南战争中首次击落两架米格战斗机是由F-4C型战斗机创造的，之前一直承担正面作战的压力。在从美国空军现役作战部队中退役后，在1971—1972年间，一些翻新的F-4C型战斗机被卖给西班牙，在Nos 121和122中队服役。每个中队还各拥有2架前美国空军的RF-4C型侦察机。自F/A-18战斗机出现后，F-4C型战斗机便退出前线战斗。

F-4D（98EN方案）

　　尽管F-4D型战斗机在外观上与较它更早进入美国空军服役的F-4C型战斗机相同，但实际上F-4D型战斗机是相当与众不同的。F-4D型战斗机是第一款专门为美国空军设计的F-4"鬼怪"战斗机型号，囊括了所有美国空军所需要的改进。在保留了F-4C型战斗机的机体结构和动力装置基础上，F-4D型战斗机的燃油容积与RF-4C型侦察机相同。主要改进放在了航电设备上，APQ-100型雷达替换为体积更小、重量更轻的AN/APQ-109型雷达，并且构成AN/APA-65雷达组，并引入一种新的空对地攻击目标优先排列模式。外光上看，机头保持原状。1966年3月F-4D型战斗机开始交付使用，最开始提供给位于德国Bitburg的第36战术飞行联队，随后供应给南卡罗来纳州西摩约翰逊空军基地的第4战术飞行联队。1967年春天起，F-4D型战斗机开始逐步替换在越南的F-4C型战斗机。早期"鬼怪"战斗机发射AIM-7"麻雀"型导弹的能力得以保留，由于计划采用新型的AIM-4D"猎鹰"型空空导

弹，因此取消发射AIM-9"眼镜蛇"导弹的能力。但后来AIM-4D型空空导弹项目终止，AIM-9"眼镜蛇"导弹发射能力又得以恢复。总共生产了793架F-4D型战斗机，其中36架交付给韩国空军（RoKAF）。F-4D型战斗机的第二家外国用户是伊朗。然而在伊斯兰世界解放运动之后，伊朗的F-4D型战斗机面临零件短缺问题，这使得许多战斗机无法飞行。伊朗和韩国的F-4D型战斗机都服役到2004年。

上图：这架F-4D型战斗机在美国空军特别行动编队，直到20世纪80年代中期仍在服役，因此飞机涂装为"蜥蜴"伪装涂装。该飞机隶属于俄亥俄州莱特-帕特森空军基地（Wrighwt-PattersonAFB）的第89战术飞行中队的第906战术飞行小队。

F-4E（98HO方案）

F-4C型和F-4D型战斗机分别于1965年和1967年5月在东南亚展开作战部署，战斗中暴露出这些机型的一些缺点，尤其是战斗机上机炮火力不足。对一架RF-4C型侦察机改装，在机头内部安装M61型航炮，这才刚开始时并没有多少吸引力。不久之后，麦道公司（McDD）提出设计一款改进型战斗机——F-4E型战斗机，并于1967年6月30日首飞，1968年进入部队服役。F-4E型战斗机是F-4系列战斗机家族中生产数量最多的一款，总共产量为1397架。F-4E型战斗机与其他机型最大的区别在于，它有一门20mmM61A1"Vulacn"型航炮埋于机头下方整流罩内，携带弹药640枚。F-4E型战斗机机头加长，内部装有新型的AN/APQ-120型晶体管雷达火控系统，新添加第7个机身油箱组件，由于不再采用可折叠机翼，故采用开缝平尾来提高平尾稳定性。后来又添加了一个前缘TISEO电视传感器，并且保留了全部的空对空作战能力，可以发射AIM-7和AIM-9型空空导弹。美国空军的F-4E型战斗机最终于1992年晚些时候退役，在此时F-4E型战斗机仍然是德国（叫做F-4F）、韩国及日本的主力战机。

F-4E型战斗机在美国空军中能够执行不同的任务。最为公众熟知的就是作为雷鸟空中飞行表演队的表演用飞机（上图）。后期型F-4E战斗机显著的特征就是外翼段有板条（下图）。

F-4G（98方案）

对F-105G型战斗机作为"野鼬鼠"作战飞机的成功耿耿于怀，美国空军决定也针对F-4进行改进以适应这一角色。将F-4E型战斗机的航炮拆除，装配AN/APR-38型雷达和导弹探测与发射指引系统。威斯丁豪斯公司的翼下电子对抗吊舱与AGM-45"百舌鸟"（后来是AGM-88"损害"）反辐射导弹配合使用，对萨姆防空导弹系统的雷达进行打击。所有116架F-4G型战斗机都是由现有的F-4E型战斗机改装而来，除了航电设备的全面升级外，F-4G型战斗机仅对J79-17型发动机做了简单改进，使得产烟量最小化。自卫武器是内翼段下方挂架上的2枚AIM-7型空空导弹。在"沙漠风暴"军事行动期间，F-4G型战斗机在空军战役中扮演了一个重要角色，第35战术飞行联队的F-G型战斗机利用AGM-88"哈姆"型反辐射导弹将伊拉克防空力量打开了一条飞行通道。尽管近些年来F-4G型战斗机的升级计划也很成功，但是美国空军中的F-4G型战斗机被第50或52批次的F-16C型战斗机取代。

特殊用途型

F-4 "鬼怪" 战斗机在美国空军作战序列中应用十分广泛，这也意味着为满足大量的试验和评估需求，有许多F-4战斗机被改装，甚至被改装成被无人靶机。其中最著名的一架试验用飞机是编号62-12200的F-4战斗机（下图），最初是美国海军的F-4B型战斗机，后来改装成美国空军RF-4C型侦察机的原型机。完成测试试验后，62-12200飞机又被选中作为遥控自驾仪（FBW）控制系统的试验平台。作为精确飞行控制技术（PACT）的示范飞行，1972年4月29日，遥控自驾仪（FBW）控制飞行的F-4型飞机首飞成功。机身后部加放铅块配重，以使得飞机变得纵向不稳定，验证飞机在遥控自驾仪的控制下平衡飞行。

美国空军型号

F-4C

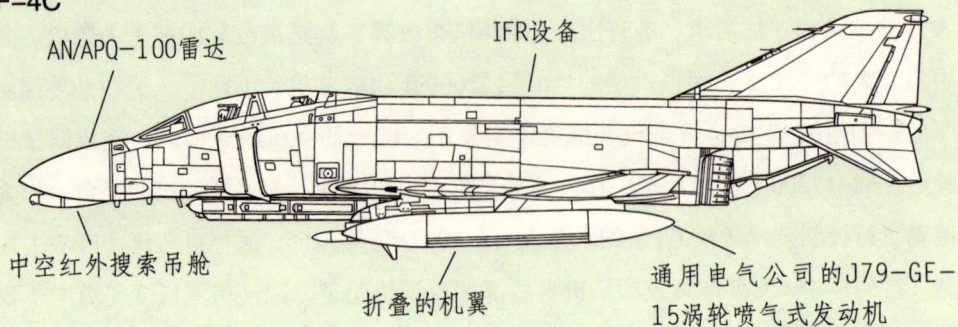

AN/APQ-100雷达

IFR设备

中空红外搜索吊舱

折叠的机翼

通用电气公司的J79-GE-15涡轮喷气式发动机

F-4D

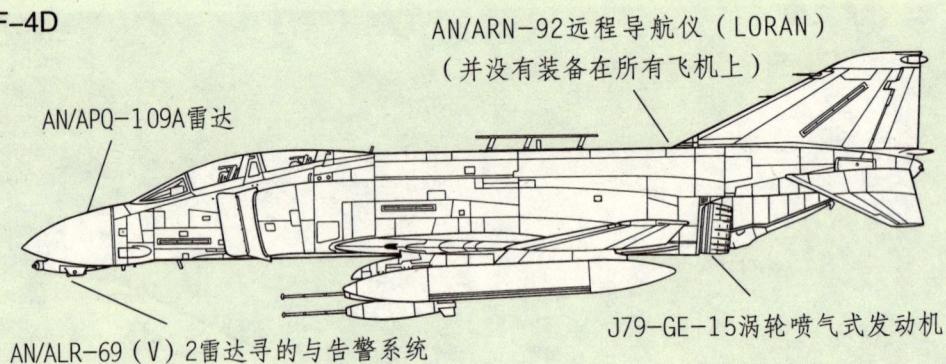

AN/ARN-92远程导航仪（LORAN）
（并没有装备在所有飞机上）

AN/APQ-109A雷达

AN/ALR-69（V）2雷达寻的与告警系统

J79-GE-15涡轮喷气式发动机

F-4E

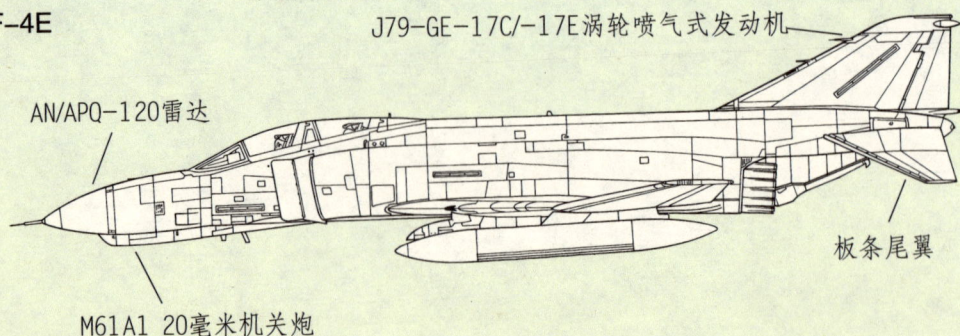

J79-GE-17C/-17E涡轮喷气式发动机

AN/APQ-120雷达

M61A1 20毫米机关炮

板条尾翼

F-4E 后期生产型

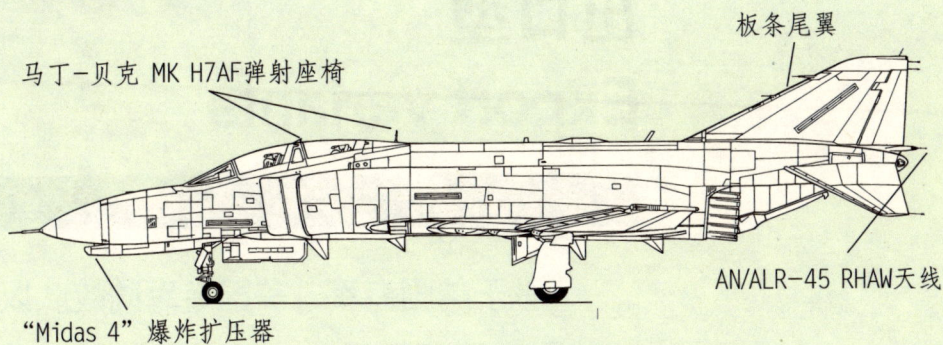

马丁-贝克 MK H7AF弹射座椅

板条尾翼

AN/ALR-45 RHAW天线

"Midas 4" 爆炸扩压器

F-4G "鼬鼠"

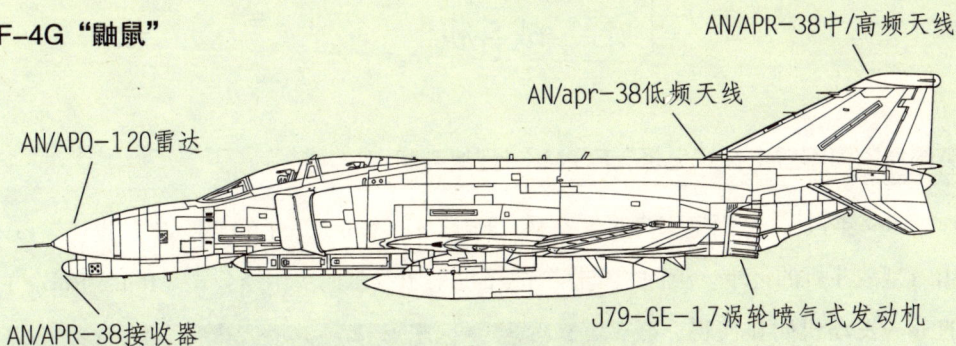

AN/APR-38中/高频天线

AN/apr-38低频天线

AN/APQ-120雷达

AN/APR-38接收器

J79-GE-17涡轮喷气式发动机

RF-4C

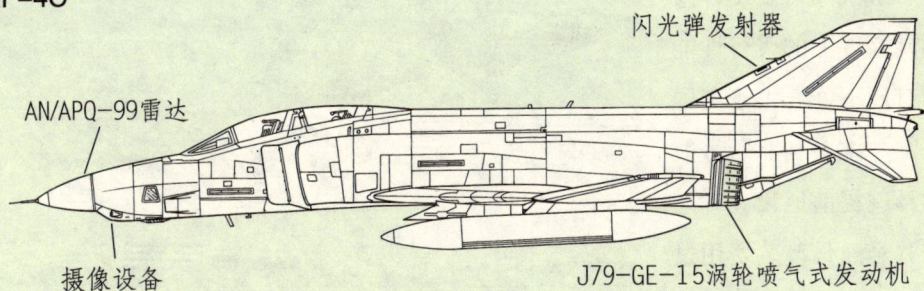

闪光弹发射器

AN/APQ-99雷达

摄像设备

J79-GE-15涡轮喷气式发动机

出口型
Export variants

基于美国海军、美国海军陆战队以及美国空军所用的F-4系列战斗机，专门为国外用户生产了一些出口型F-4"鬼怪"战斗机。

英国皇家海军航空兵"鬼怪"FG.MK 1型战斗机

1964年7月，英国皇家海军航空兵（Fleet Air Arm）下了50架F-4K"鬼怪"FG. Mk 1型战斗机的订单。英国"鬼怪"战斗机采用罗尔斯罗伊斯公司（Rolls-Royce）的Spey发动机明显使得单价升高，同时也能提高航程，但最大飞行速度、最大飞行高度以及不同高度上的飞行性能均有所下降。由于英国海军"维多利亚"号航空母舰提前退役，"老鹰"号航母改装费用过高，这使得英国海军只

有"皇家方舟"号航空母舰能够搭载"鬼怪"战斗机。因此，上述订单中的一半转到英国皇家空军那里，装备给卢赫斯（Leuchars）地区的第43飞行中队。在海军中，"鬼怪"战斗机从1968年4月到1969年3月服役于耶奥威尔顿（Yeovilton）地区的第700P飞行中队，进行飞行试验工作；1969年1月到1972年7月服役于耶奥威尔顿（Yeovilton）地区的第767飞行中队，进行飞机类型转换训练；1969年3月开始服役于实战的第892飞行中队，在"皇家方舟"号航空母舰上执行不同类型的巡航任务，直到1978年年末。1978年以后，该型战斗机转给英国皇家空军，在第111飞行中队服役。

英国皇家空军"鬼怪"FGR.Mk 2型和F-4J型战斗机

在两架YF-4M原型机完成，并且英国终止了霍克·西德利（Hawker Siddeley）公司的P.1154型垂直/短距起降截击/攻击机的研究，英国皇家空军最终获得116架生产型F-4M"鬼怪"FGR.Mk 2型战斗机。"鬼怪"战斗机最初进入部队执行拦截/打击和侦察任务，能够携带多种类型的武器装备，甚至包括核武器。20世纪70年代中期，在执行英国皇家空军对地攻击的任务上"鬼怪"逐渐被SEPECAT的"美洲虎"战斗机取代，这反而使得"鬼怪"战斗机在执行防空拦截任务上取代了"闪电"战斗机的位置。"鬼怪"FGR.Mk 2型战斗机曾服役于英国皇家空军第2、第6（英

国皇家空军第一支"鬼怪"中队）、第14、第17、第19、第23、第29、第31、第41、第43、第54、第56、第64（是OCU228中队的影子中队）、第74、第92和第111飞行中队，以及位于马尔维纳斯群岛的第1435分队。英阿马岛战争中"鬼怪"损失严重，这使得英国皇家空军从美国海军或美国海军陆战队那里得到15架F-4J型战斗机，这批战斗机从1984年8月到1992年9月服役于第74飞行中队。而第56"火鸟"飞行中队的"鬼怪"战斗机退役时间稍晚，在1992年年底，这也代表"鬼怪"战斗机在英国皇家空军服役的终结。

日本航空自卫队F-4EJ"鬼怪"战斗机

日本的F-4EJ战斗机拆除了F-4E战斗机上的投弹系统和空对地作战设备，作战目的就是执行防空拦截任务。日本航空自卫队总共从麦道公司和日本三菱公司的生产线上获得140架F-4EJ型战斗机，其中包括非常后期的"鬼怪"战斗机，编号17-8440，1981年5月交付。该型战斗机进入6个飞行中队服役：第301到第306飞行中队（Hikotai）。从1990年开始一项升级项目，将APQ-120雷达更换为AN/APG-66J型雷达，并将机体使用寿命从3000小时提高到5000小时，命名为F-4EJ改（"改"表示"特别的"或"+"）。目前，F-4EJ改战斗机仍服役于新田原（Nyutabaru）地区的第301飞行中队、Naha的第302飞行中队和三泽（Misawa）地区的第8飞行中队。这些F-4EJ改战斗机与F-15EJ"战斗鹰"型战斗机一起执行防空拦截任务。

德国空军的F-4F"鬼怪"战斗机

　　德国空军的F-4F型战斗机是F-4E型战斗机的轻型简化版。德国空军共订购了175架F-4F型战斗机，用来填补F-104"星型"战斗机和"飓风"战斗机之间的空缺。德国空军还得到了10架F-4E型战斗机用于训练，但飞机被要求一直在美国。1973年9月5日，第一架F-4F型战斗机交付使用，最初服役于两个战斗轰炸机联队和两个拦截战斗机联队。在20世纪80年代早期，德国空军引入Panavia"飓风"战斗机，"鬼怪"战斗机联队执行双重任务，但1988年以后主要还是集中在防空拦截方面。目前，F-4F型战斗机服役于哈普斯顿（Hopsten）的JG 71联队、拉格（Laage）的JG 71联队的第732中队和纽伯格（Neuberg）的JG 7联队，以及在美国的已经成为Taktische Ausbildungseinhiet Holloman部队的一部分。

出口型"鬼怪"侦察机

　　1970年9月15日，RF-4E型侦察机首飞，该型侦察机是为德国空军生产的用于替换RF-84F型侦察机。首先服役于伯伦加登（Bremgarten）的AKG 51部队，随后装备莱克（Leck）地区的AKG 52联队，德国空军总共接收88架RF-4E型侦察机。自1978年开始，RF-4E型侦察机加装了对地攻击能力，并保持到1988年。还有另外4个国家接采购过RF-4E型侦察机，其中伊朗是第二大国外用户。伊朗得到总共27架RF-4E型侦察机，并优先提供给伊斯兰革命卫队；另有11架被扣留。有人认为目前伊朗现存的大部分RF-4E型侦察机已经被拆卸成零件，目的在于得到零部件使得"战斗的鬼怪"能够飞行。以色列接收到6架RF-4E型侦察机，3架RF-4E（S）型侦察机装备有HIAC-1型照相机，这需要对机头轮廓进行修形。土耳其和希腊分别得到8架和6架FY 1977款该型侦察机。土耳其的RF-4E型侦察机是新生产的，而且比德国空军的先进，目前服役于埃斯基谢希尔（Eskisehir）的1 Ana Jet Us部队、希腊的侦察机服役于拉里萨（Larissa）的第348 MTA部队。

日本"鬼怪"侦察机

　　大部分日本的"鬼怪"战斗机是由三菱公司（Mitsubishi）生产的，但所有最初的RF-4EJ侦察机是由麦道公司（McDD）组装完工的。一共生产了14架RF-4EJ型侦察机，该型侦察机与美国空军的RF-4C型侦察机的唯一不同就是拆除了部分美国供应的航电设备，更换为日本自己生产的设备。RF-4EJ型侦察机在交付之后直接装备Hyakula的第501飞行中队（Hikotai）。20世纪90年代早期，日本对RF-4EJ进行升级改造，并将改型命名为RF-4EJ改。最初得到的RF-4EJ型侦察机在事故中损失了两架。在将17架F-4EJ型战斗机改装成为RF-4EJ改侦察机之后，日本的空中侦察力量得以补足，迄今为止已有11架得到辨识。改进型侦察机还保留有限的空战能力，包括一门内置机炮，结构上没有任何改动。RF-4E型侦察机最初是白（海鸥色）灰色的涂装，后来换为棕色为主，配以浓淡两种绿色的伪装涂装方案。

外国变异

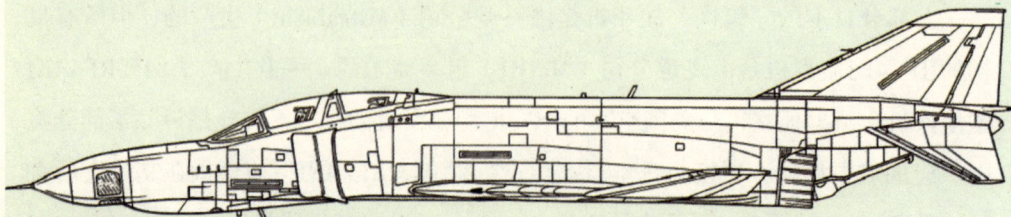

F-4E（Special）或者F-4E（S）

三架"幻影"战斗机进行了改装，可以安装HIAC-1 LOROP相机，并被交付到以色列。机头两侧采用了厚板状的设计以及较大的摄像窗口。

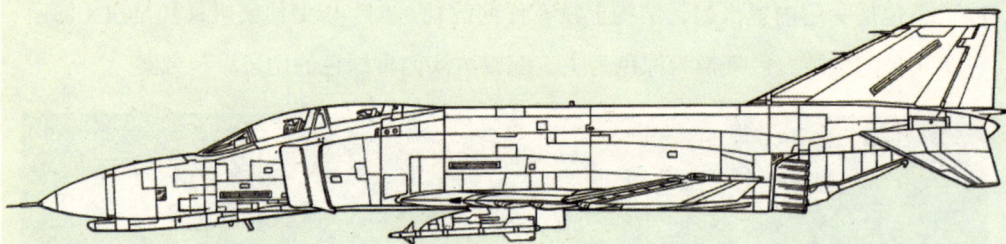

德国空军（Luftwaffe）F-4F机型

从外观上看，F-4E同德国的F-4F机型之间的差别并不明显，后者重量更轻，并且没有安装"麻雀"导弹设备。

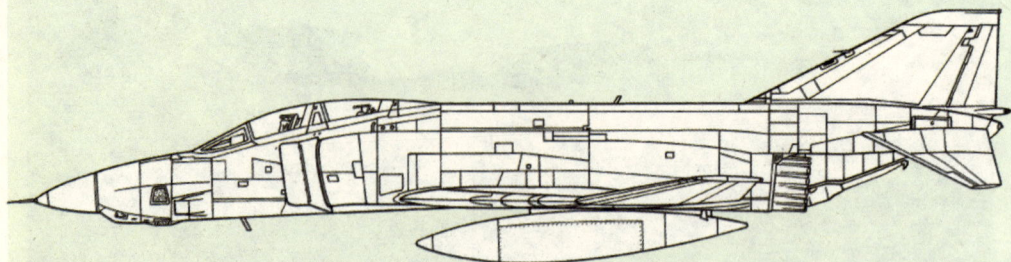

国际出口型号RF-4E

RF-4E机型采用了原F-4E型号的机身和J79-GE-17发动机以及RF-4C机型的机头。这架德国空军的RF-4E在油箱位置安装了机载侧视雷达（SLAR）。

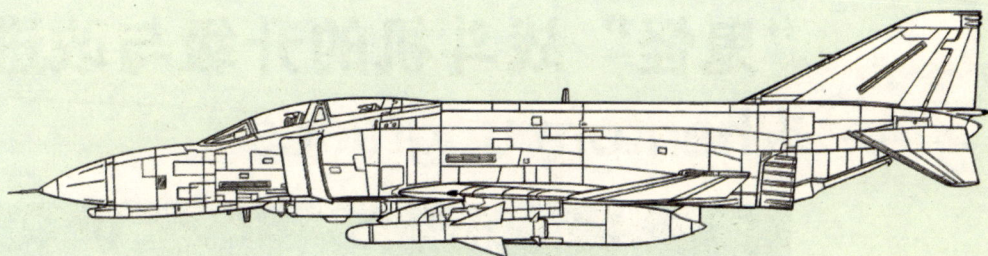

日本航空自卫队（JASDF）F-4EJ Kai机型

升级后的F-4EJ Kai同F-4EJ大致相同，在雷达罩外面安装了稍微加强后的肋板，其中安装了新式的AN/APG-66雷达。

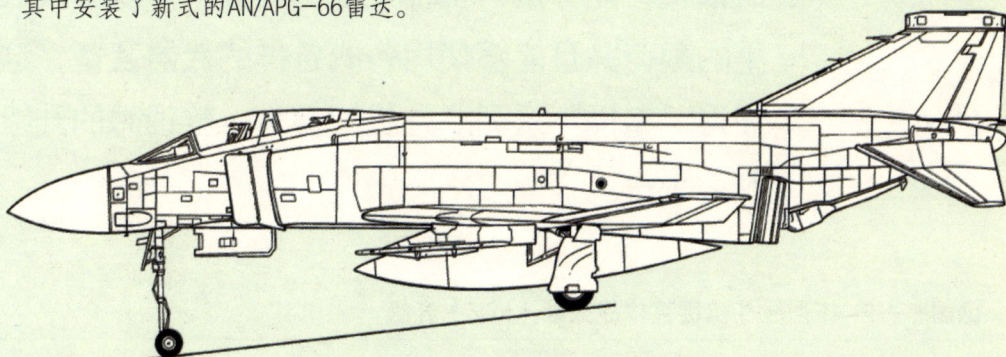

美国联邦航空局（FAA）舰载型F-4K FG.Mk 1机型

F-4K是基于F-4J的机型，带有可折叠的雷达和雷达罩、加长后的前起落架支杆、加强后的停机钩，并安装了Spey 202/203发动机。

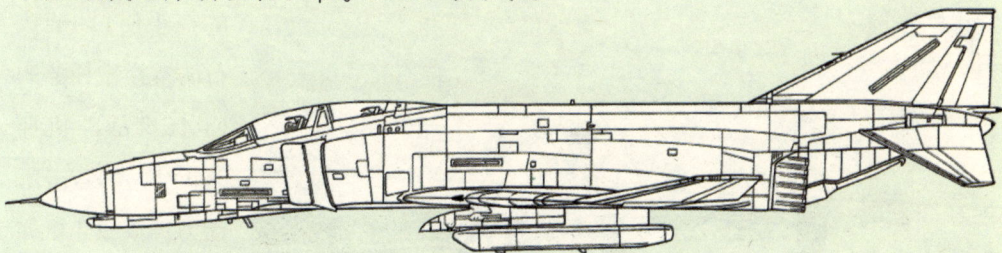

日本航空自卫队RF-4E Kai（改进后的F-4EJ）

F-4EJ的机头被改装后用于执行侦察探测任务，看上去同原来的RF-4EJ有很大的区别。

"鬼怪"战斗机的升级与改进
Phantom upgrades

由于F-4"鬼怪"系列战斗机的机体结构寿命很长，能够执行多种类型的任务，可以装载很重的载荷并且能够使用各式各样的武器装备，这使得"鬼怪"系列战斗机被视为一款理想的升级改造平台。

德国——F-4F型战斗机提高作战效能（ICE）升级

1983年开始，MBB公司（现在的戴姆勒奔驰航空航天公司）开始实施KWS或者说是提高作战效能（ICE）计划，目的在于使110架执行防空拦截任务的F-4F型战斗机拥有BVR 发现/击落能力。该战斗机拥有一台新的、德国本土按许可证生产的休斯公司APG-

65GY型多普勒雷达，并装配休斯公司的AIM-120空空导弹，这弥补了原始的IR-homing AIM-9"响尾蛇"空空导弹的不足。针对空对地任务，有另外37架德国空军的F-4F型战斗机改装了相似的航电设备，改进了机体结构，但保留了原始的雷达。1992年4月开始交付使用，1998年最后一架该型战斗机交付。

希腊——F-4E型战斗机DASA升级

希腊空军计划将"鬼怪"战斗机一直服役到2015年。目前，有70架F-4E型战斗机（下图）在希腊航空航天集团（Hellenic Aerospace Industries）进行服役周期拓展项目（SLEP-Service-Life Extension Programme），在此基础上，空军在德国宇航公司（DASA）正在升级39架服役周期拓展项目完成过的其中2架战斗机，期望能够得到与德国空军的F-4F型战斗机提高作战效能（ICE）升级相近的效果。现代化升级改进（每架战斗机花费约800万美元）包括更换为APG-65型雷达，能够支持AIM-120型空空导弹。剩下的37架F-4E型战斗机将会在希腊航空航天集团（HAI）进行现代化升级改造。1999年秋天，第一架DASA改造的"鬼怪"战斗机交付使用。外观上看，经过DASA改造的F-4E型战斗机机头雷达整流罩顶端的敌我识别天线（IFF）很小。

以色列——Kurnass 2000（"鬼怪"2000）升级

　　20世纪80年代中期，IDF/AF计划执行一项野心勃勃的工程项目，将130架原始型F-4E kurnass（重锤）战斗机和RF-4E型侦察机升级为"鬼怪"2000型，以满足新世纪的任务需求。机身结构得到加强，液压和燃油系统得到改进。"鬼怪"2000项目的核心是航电设备的整合，采用Elbit公司的ACE-3型任务计算机（为IDF/AF的F-16型战斗机设计的），并与诺顿/联合技术公司（Norden/UTC）的APG-76型综合多模式雷达整合在一起。1989年第一架经过升级的战斗机交付，而新型雷达直到1992年才投入使用。IAI计划实施更换发动机的超级"鬼怪"2000升级项目，将现有发动机更换为20600磅（92千牛）推力的PW1120涡轮风扇喷气式发动机，但是还没有获得任何订单。

伊朗——F-4D型和F-4E型战斗机升级

伊朗空军（IRIAF）将现有的"鬼怪"战斗机进行本土化升级改造，这已经增强了F-D型和F-4E型战斗机（下图）的雷达探测距离，并增加了自卫装备。伊朗空军（IRIAF）的F-4战斗机增加了一些"新"的武器装备，包括中国的YJ-1/C-801反舰导弹，该型导弹在1997年试射成功。照片中可以看到，该伊朗的"鬼怪"战斗机刚发射完应该是一枚电视制导导弹，并且仍挂载一枚标准导弹（下图）。这枚标准型导弹是AGM-78型反辐射导弹的外形，但伊朗可能对其进行了改装，使其具备空对空或者空对地作战能力。伊朗空军（IRIAF）希望他们的"鬼怪"战斗机服役到不能使用为止。

土耳其——IAI"鬼怪"2020

1996年，基于"鬼怪"2000升级计划，土耳其队F-4E进行结构改进和航电设备整合两方面的升级。IAI将在以色列升级26架F-4E型战斗机，并为另外28架THK升级的F-4E型战斗机提供零部件。在一些方面，THK"鬼怪"升级计划要比IDF/AF型战斗机更为先进，例如驾驶舱"玻璃"显示器，并采用Elta Electronics公司转为IAI Lavi研究的EL/M-2032型雷达来替代Norden公司的APG-76型雷达。1999年2月11日，"鬼怪"2020原型机首飞成功，2000年开始交付使用。

西班牙——RF-4C型侦察机SARA升级计划

20世纪80年代后期，西班牙空军的RF-4C型侦察机的标准配置是"Have Quick"数字式超高频/甚高频通信雷达、艾特克（Itek）公司的AN/ARL-46型雷达告警接收机（RWR）、Tracor公司的AN/ALE-40型箔条/曳光弹布撒器以及AIM-9L"响尾蛇"空空导弹。1996年年末，宣布实施SARA升级计划，包括采用得克萨斯仪器公司的AN/APQ-172型地形匹配雷达、光电陀螺仪惯性导航系统（INS-Inertial Navigation System）以及加装空中加油装置。

美国——QF-4型无人机项目

通常意义下无法将无人机项目称之为战斗机升级项目，但美国空军的"鬼怪"战斗机"无人"改造项目也算是延长多余战斗机使用寿命的另外一种方式。美国海军和美国空军多年来利用退役飞机改造作为无人飞行的靶机。在20世纪90年代中期，随着最后的F-4G型战斗机和RF-4C型侦察机的退役，美国空军开始实施一项新的QF-4G型无人机改造项目。尽管RF-4C型侦察机较少利用，从1995年开始"鬼怪"逐渐改造为QF-4G型无人机（下图）；生产线一直运转到2005年，此时QF-4G型无人机共有192架。

日本——F-4EJ改战斗机升级计划

　　这架F-4EJ改战斗机隶属于三泽（Misawa）空军基地的第3飞行团中第8飞行中队。该作战单位负责对地攻击和对舰攻击任务，并协同另外两个单位（第3飞行中队和第6飞行中队）一同作战，他们装备三菱公司（Mitsubishi）的F-1型战斗机。在第8飞行中队中，四分之一的日本空军自卫队（JASDF）飞行中队装备有升级后的"鬼怪"战斗机；其他三个中队分别为2个拦截机中队和一个侦察机飞行中队。

自卫

　　F-4EJ改战斗机升级改造中很关键的一点就是雷达告警接收机的升级，将原有的设备替换为J/APR-6型敌我识别装置，这是在F-15J型战斗机中使用的J/APR-4型敌我识别装置基础上改进而来。F-4EJ改战斗机还可以装载AN/ALQ-131型干扰吊舱。

新型雷达

　　F-4EJ改战斗机的改装升级围绕雷达系统展开，将旧的威斯丁豪斯公司的APQ-120型雷达替换为诺斯罗普格鲁门（威斯丁豪斯）公司的APG-66J型雷达，基于F-16型战斗机上采用的雷达改进得到。新型雷达体积更小重量更轻，并在性能和可靠性上有很大提高。

空对空武器

　　F-4EJ改战斗机仍然具有发射AIM-7E/F"麻雀"和AIM-9P/L"响尾蛇"空空导弹的能力。F-4EJ改战斗机日常一般携带三菱公司的AAM-3型空空导弹，用以替换"响尾蛇"空空导弹。尽管F-4EJ改战斗机已经采用具备提前发现/提前击落能力的APG-66J型雷达，且先进中程空空导弹(AMAAM)级AAM-4型空空导弹的采购也基本可行，但日本方面尚未宣布一种现代BVR导弹的项目计划。

外观差异

F-4EJ改战斗机从外观上可以看到，在垂直安定面端整流罩处添加了一对朝后的雷达告警接收机（RWR）天线，在翼稍处添加了类似的天线，在中机身背部安装一个刀状的超高频雷达，在前起落架舱门上装有一个巨大的翼刀，以及一个新型的装有纵向加强条的雷达整流罩。

日本——F-4EJ改战斗机升级项目

日本空军自卫队（JASDF）拥有140架F-4EJ型战斗机，其中有约90架（86架、91架和96架都曾被引用），装备3个中队（301、302和306），每中队配属22架战斗机——306中队的战斗机后来被转交给第8飞行中队。1984年7月F-4EJ改战斗机首飞，1989年10月进入部队服役。除大范围的航电设备升级之外，F-4EJ改战斗机升级项目还包括一项彻底的结构服役寿命延长计划（SLEP-Service Life Extension Program），以提升"鬼怪"战斗机的疲劳周期。

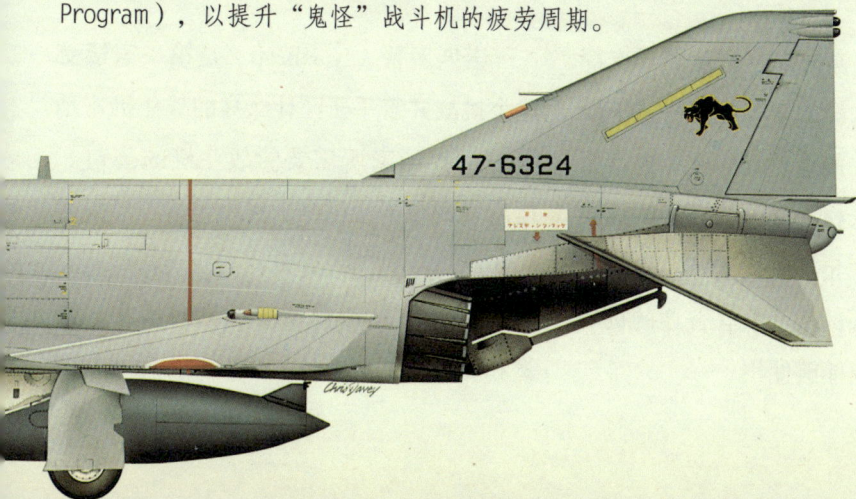

47-6324

诺斯罗普（Northrop）F-5家族
Northrop F-5 family

简介
Introduction

> F-5是为那些负担不起最先进的硬件设施的经济困难的国家而设计的一款轻型战斗机。它很好地将实用性和经济性进行了结合，在不断的修改和改进过程中，进行了广泛的出口。

在冷战进入高潮时期，军队的开支都十分大，像美国这样的主要大国可以不断更新昂贵而尖端的最新系列的战斗机，而其他国家则需要选择一种价格合适的战斗机，使他们能够大量地进行装备。他们同样也要求他们购买的战斗机在普通的机场和后勤系统条件下能够使用。

诺斯罗普（Northrop）是第一家接受这个挑战并着手研究什么样的战斗机才是第三世界国家所需要的战斗机的公司。最后发现减少使用维护费用是生产"买得起"的战斗机的最好方式。经过仔细研究后发现使用维护费用与飞机的尺寸、重量和复杂程度成正比。之后，诺斯罗普便

上图：三架来自威廉姆斯（Williams）航空基地的美国空军第4441战斗机组训练中队（CCTS），看起来稀松平凡的F-5A正在对准拍摄镜头进行整齐的编队飞行。

开始着手进行一架轻型战斗机的设计，即N-102。由于N-102的动力装置采用的是通用电气（General Electric）J79、普惠（Pratt&Whitney）J58和莱特（Wright）J65级别的发动机，使得N-102（后来称之为）永远也不可能是一架真正的轻型战斗机。这项设计后来在飞机重量和花费上呈螺旋上升，最后不得不取消该项目以重新设计一架真正的轻型战斗机。

毒牙到自由战士

这种战斗机的设计始于1955年，取名为N-156。通用公司小型J85发动机的成功研制使得发展一种更小的轻型战斗机成为

上图：通过美国Dayglo公司自由喷涂，F-5的机头被喷涂成黑色来模拟巨大的雷达天线。这架飞往天空装备有响尾蛇导弹的N-156F正在进行早期的飞行试验。

发射架是用来安装响尾蛇导弹、猎鹰导弹或者是麻雀导弹的。其机身内部的设计没有什么特别之处。为了节省重量，N-156采用的是机械加工和化学蚀刻成型的蒙皮并采用了夹层结构的设计。所有的燃油都装在机身油箱内，机翼内部不放置任何燃油。油箱分为前后两组，并且两组之间进行相互连通。驾驶舱是典型的美式驾驶舱，体积很大很宽敞、装备齐全，且巨大的座舱罩能提供非常好的全方位视野。

可能。经过一系列失败的设计方案之后，最终的用来进行空气动力风洞试验的设计方案是两种近似的构型——单座的N-156F和双座的N-156T。

一对J85发动机并排安置在后机身，悬挂在主梁上。打开后机身下部之后可以直接接触和拆卸发动机。由于这两台发动机都很轻，因而仅仅通过人力便可以对它们进行移动和重新安装。

由于N-156战斗机的最大设计速度为1.5马赫，这使得它仍是一架飞行速度较慢的战斗机。其翼尖设置的

下图：在通过船运到达爱德华（Edwards）航空基地后不久，第一架N-156F就与头两架生产出来的YT-38离爪（Talon）相遇。诺斯诺普的J. D. 韦尔斯（J.D.Wells）和汉克·乔蒂尔（Hank Chouteau）同斯沃特·尼尔森（Swart Nelson）和诺文·埃文斯（Norvin Evans）正在亲切的交谈，他们分别是美国空军T-38和N-156F的飞行员。

右图：F-5B原型机于1964年2月24日进行首飞，一个月之内第一架生产出来的样机开始交付给美国空军，然后在1964年4月30日F-5B开始正式服役。

1955年9月初步设计的负责人韦尔克·加西斯齐（Welko Gasisch）被告知要求集中精力进行双座方案的设计，因为这一方案好像更有可能找到使用客户。因此N-156T加快了研制速度并满足了美国空军1955年对超音速基础教练机的通用装备需求（SS-240L）。1956年6月，美国空军选择购买N-156飞机，并要求诺斯罗普首先生产三架原型机（被命名为YT-38），第三架用来做静力结构试验。

对N-156F战斗机的研制并没有终止，当T-38被提上议程的时候，N-156F的研制又得到恢复并全速开展起来。这项工作的再次开展对N-156F研制团队来说无疑是一份无价的意外之喜。他们迅速开始进行风洞

左图：三架挪威的F-5A（G）（靠前的三架）和一架F-5B正在进行交付前的试飞测试。考虑到挪威多变的气候条件，挪威的F-5装有起飞助推器（JATO）、停机钩和挡风玻璃除冰器。

上图：尽管在挂载的情况下它看起来十分脆弱，但是F-5在半准备状态下的泥土跑道上的起飞性能却十分出色。这架早期F-5A安装了测试仪表炸弹并在翼下挂载了1000磅（454千克）的航空炸弹，用来进行跑道状况较差情况下的起降测试。

测试得到大量的数据并开展各种飞行试验来得到更多有利的结果。

N-156F的继续发展

N-156F与T38之间尽可能地保留了最大的通用性，因而T-38全机模型得以迅速地改造成用于服役的战斗机模型。这架飞机当时仍是一项风险投资，诺斯罗普公司完全是在用它自己的资金在进行博弈，因而尽可能地减少变动对它来说十分重要。这架飞机后来被迅速冠以"自由战士"的绰号。

N-156F于1959年5月31出厂，之后便被船运到爱德华兹航空基地。1959年7月30日在由路易·尼尔森（Lew Nelson）完成YT-38首飞四个月之后，又由他在这完成了N-156F的首飞。之后诺普洛斯公司又迅速地制造了第二架并进行了一系列试飞。当要进行第三架的生产时，美国空军表示计划由这两架原型机进行测试的科目已经测试完毕，无须第三架的生产。

由于这两架飞机的飞行试验结果的可靠性和有效性毫无先例可循，因而诺斯罗普在美国空军要求的测试基础上开展了更多更进一步的测试。然而，尽管测试和研究结果证明了N-156F的有效性，但是美国空军还是在1960年8月做出决定，当前对"这种类型的飞机"没有迫切的需求，因而整个项目被取消。至此N-156F的研制彻底停止，至少目前看来如此。

自由战士的重生

由于之前的降级版的F-104G已经销往了日本和另外几个欧盟的国家，因而美国空军对N-156的研制一直抱着怀疑的态度。但是美国陆军对这架飞机有着浓厚的兴趣，并借来一

架原型机来对它的近距支援能力进行考察。美国军方在爱德华兹空军基地对一对菲亚特（Fiat）G91Z战机、A4D-2N天

下图：这架来自第4441战斗机组训练中队（CCTS）的F-5A在其垂尾上涂有战术空军司令部（TAC）的徽章，同时在徽章之上还装有黄色的闪光灯。F-5A在1964年8月开始进入第4441部队服役。

鹰战机和N-156F进行了一系列的对比审查。但是由于美国空军对美国陆军介入其空军任务十分不满，因而强制取消了这次对比评估。

美国陆军只能继续用直升机来扮演火力支援的角色，但是美国空军对N-156F的兴趣又被重新唤醒了，因而他们又再一次对这个项目进行了考核。美国空军选择N-156F是以为它正好满足了美国空军对FX战机的需求，并于1962年4月23日得到了国防部长的正式同意。结果立即引起了各方极大的兴趣，并很快下达了研发命令。在这年8月9日，N-156F被正式命名为F-5。2000万美元的合同在1962年进行了签署，用以进行生产。合同要求对单座的F-5A和双座的F-5B教练机按照9：1的比例同时进行生产。第三架N-156F以生产型号的方式被制造出来，并被命名为YF-5A，采用的是一对J85-GE-13发动机。最重要的是对它的机翼进行了加强，使它增加了一对新的翼下挂载点（使总数达到了7个），同时也增加了它的搭载量。随着飞行测试的稳步进行，1963年8月27日又签订了第二份合同，使得F-5的总生产数量达到170架。

挪威在1964年2月28日宣布了它对F-5A的需求，要求购买64架F-5A来代替原本计划中的一个F-104G中队。第一架F-5A于1964年2月交付给美国空军，但是由于它没有安装机头机枪，所以直到1964年8月它才开始正式服役。它服役于威廉姆斯航空基地的第4441战斗机组训练中队（CCTS）。

第一种双座型号

双座的F-5B结合了T-38的纵列式双座驾驶舱和F-5A的机身，保留了单座型号的翼下挂载点、机翼以及更大的发动机进气口，只有两门20毫米的机枪被取消。当1964年4月30日F-5B开始服役的时候，战术空军司令部的"F-5"训练项目由第4441战斗机组训练中队正式启动。这个中队迅速地装备了7架单座的F-5A和5架双座的F-5B。

第一个F-5中队的成立是在属于伊朗的位于德黑兰-梅赫拉班（Tehran-Mehrabad）的第一战斗基地。在1965年6月对外宣传已经形成战斗力。希腊在1965年7月宣称属于米拉（Mira）341中队的F-5A已经可以投入使用，而挪威的第一架F-5A也在同月宣称可以投入使用。

国外F-5战机
Foreign "Fives"

虽然F-5的购买数量没有F-4和F-104那么多那么受欢迎，但是它是战后这段时间美国航空工业最为成功的产品之一。由于它的可靠性、有效性且操纵起来极为容易，因而即使是"自由战士"的早期型号也一直服役至今。

早在1959年，诺斯罗普就开始讨论（之后仍在继续）联合欧洲国家加上澳大利亚和英国来进行N-156F的生产。最终，F-104G赢得了在欧洲的生产许可合同，它可以在意大利、德国、荷兰和比利时，同时还有加拿大和日本进行生产。另外还有几个国家同时使用F-5和F-104，但是只有加拿大能同时进行两种飞机的生产。

在加拿大，生产许可由加拿大航空获得，它可以进行F-A/B的生产，称为CF-5A/D（加拿大装备的F-5称为CF-116）。

而荷兰皇家空军生产的叫NF-5A/B。CF-5A与同一时期的F-5有一些不同，最为显著的就是使用了J85-CAN-15发动机代替了J85-GE-13发动机。在20世纪60—70年代，加拿大正在进行非军事化改革，对CF-5的资金削减最为明显。然而，到1968年自由政府上台之后又进行了进一步的裁军，CF-5的产量由118架减为54架。

一些CF-5A装备了70毫米的云顿（Vinten）机头相机，同时被命名为CF-5A（R）。CF-5A也可以加装加油管，但是双座的CF-D既不能安装加油管也不能安

上图：荷兰在1969年要求购买75架NF-5A和30架NF-5B用以迅速替换还在服役的F-84F，最后在1972年完成交付。F-5在荷兰蚱蜢（KLu）特技飞行表演队中服役了很长时间并且一直以来表现非常成功，直到1991年最后一架NF-5被F-16替代。

装侦察型机头。即使当中队的数量减少到只有2支的时候，自由战士在加拿大军队中仍然十分活跃。当加拿大购买了F-188之后，加拿大的F-5便退居二线作为一款入门级的战斗机教练机使用，直到20世纪90年代中期退役。为了凑齐足够的资金来购买新制造的CF-5D，加拿大在1972年将20架CF-5A和CF-5D卖给了委内瑞拉。这些飞机被当地人称为VF-5A和VF-5B。

尽管受到诺斯罗普的反对，加拿大航空还是将CF-5的生产许可权转卖给了其他国家。荷兰的第一架NF-5A于1969年3月24日首飞。直到1991年最后一架样机退役为止，这款型号一共装备了3支部队。

诺斯罗普还将赌注压在了西班牙民用航空安全局的身上（CASA），在1966年允许西班牙进行F-5A的生产。保留下来在西班牙服役的两个中队的CF-5B被命名为AE.9，并装备给位于塔拉韦拉（Talavera）第231和第232中队，用来提供进阶飞行训练。

其他使用国

作为美国引导的换装项目的一部分，1960—1965年，大量的F-104和F-5由美国空军提供给了希腊。十年之后，12架由伊朗采购多余的F-5A和F-5B又送到了希腊。到1983年，约旦又给希腊提供了13架F-5A和6架F-5B。在接下来的十年中，挪威、约旦和荷兰又提供了更多的飞机。但是到现在为止，只剩下29架F-5仍在服役，它们由诺斯罗普和加拿大航空生产的单座和双座混合组成。

伊朗是第一个真正的F-5A出口使用者，伊朗帝国空军的飞行员在美国的威廉姆斯（Williams）航空基地受训。第一支伊朗F-5部队于1965年投入使用，最终共有104架F-5A和F-5B由美国交付给伊朗。虽然仍有许多F-5B被保留下来用来进行训练，不过从1974年开始，F-5A正逐步地被F-5E取代。

随着伊朗早期F-5型号的退役，大量的F-5被运往至约旦。与此同时约旦也在逐步将它部队中早期的"自由战士"退役，并用F-5E来取代。

韩国是另一个F-5A/F-5B的早期接受

上图：民用航空安全局（CASA）改造的SF-5B继续在西班牙空军作为入门级的教练机来使用。位于塔拉韦拉（Talavera）的第23中队的35架双座F-5教练机现在只剩下20架了。

者，第一批的20架F-5战斗机于1965年交付给第105战斗中队。到1971年，共有87架F-5A、8架RF-5A和35架F-5B交付给韩国空军（RoKAF）。

上图：到2004年为止，土耳其仍是主要的F-5A/B使用国，一共装备了139架。它们主要用于进攻、侦察和作为入门级教练机使用，成为土耳其F-16作战部队的强有力的补充。

然而在接下来的一年中，36架F-5A和所有的RF-5A战斗机被转移到分裂的南越政府，同时美国也对南越提供更多的现代型号。美国于1966年又向摩洛哥提供了18架F-5A，之后又提供了更多的F-5A、

RF-5A和F-5B。如今，虽然大部分的F-5都已经被F-5E和"幻影"F1C/E战机所取代，但是仍有8架F-5A和少量的F-5B和RF-5A保留下来。

挪威是另一个F-16的使用者，它的F-5战机都用来作为F-16的入门教练机来使用。共有78架F-5A、16架RF-5A和14架F-5B交付给挪威，但是跟其他国家一样，F-16的出现导致了所有F-5的退役，

除了一个中队的F-5得以保留。由于F-8的退役，F-5成为了菲律宾唯一的一款喷气式作战飞机，虽然最后保留的也很少，也存在可疑之处，但是创下了F-5的服役纪录。

在20世纪60年代末，约有92架F-5A和23架F-5B交付给了中国台湾，其中大部分属于美国的经济援助。在20世纪70年代，几乎所有这些飞机都被运往南越，最后只保留了2个中队进行训练。

泰国在1967年收到了它的第一架F-5战机，作为协议的一部分要求泰国的士兵在越南战争中协助南越部队进行作战。最初这些飞机都是对地攻击的型号，只有在购买了诺斯罗斯的F-5E"虎Ⅱ"式战斗机后，他们才具备了对空防御的能力。

下图：委内瑞拉由于拥有丰富的石油资源，使其能够长期维持一支高战斗力的空军力量。1972年，它从加拿大购买了一共27架加拿大版的VF-5A/B。到现在为止，包括升级后的VF-5A在内，只有17架保存下来。

F-5A "自由战士"

挪威皇家空军（Kongelige Norske Luförsvaret/Royal）的F-5A并不是真正的"虎爪"（Tiger-PAWS）战机，尽管如此，当它于1994年在挪威之外的卢赫斯（Leuchars）由英国皇家空军举办的英国战争航空展上首次亮相之后，它获得了第336中队的徽章并得到了北约颁发的"虎式"战机的证书。

动力装置

F-5A原本安装的是4080磅净推力（18.10千牛）的J85-GE-13涡喷发动机。而最初提交给美国的F-5A安装的是推力更大的J85-GE-15发动机［4300磅净推力（19.10千牛）］。在进气道上还加装了百叶窗，朝向后机身，当进行起降和低速飞行时［低于329英尺/小时（530千米/小时的速度）］可以给发动机提供更多的空气。

额外的燃油

要识别早期的F-5A/B，最明显的特征就是它安置在翼尖的按面积率设计的可乐状的翼尖油箱。每个这种整体油箱能够装载50美加仑（189升）的燃油。位于机腹中心的可抛弃油箱能装载150美加仑（568升）的燃油。

停机钩

为了应付极端的天气条件，挪威的F-5
也进行了特殊的改造。这些改造由诺斯罗普
公司在F-5A/B（G）上进行。而停机钩则是
F-5能在积冰跑道上进行起降的重要部件。

F-5 虎爪

在纽约塞拉（Slerra）技术中心的
改造下，15架KNL F-5战机在1993和
1994年被升级为"虎爪"战机。"虎
爪"项目（改进了航电和武器系统）
是想将F-5改造为一款F-16的入门教
练机，该项目计划在后期的"自由
战士"的基础上增加了一款更为
综合的航电设备和新的MIL-STD
1553B数据传输装置。

F-5E/F 虎Ⅱ战机
F-5E/F Tiger Ⅱ

虽然F-5A十分机动灵活，但是它缺少最基本的空对空作战能力，没有雷达和计算引导的瞄准装置。霍斯罗普希望能够进行第二代F-5战机的研发，通过使用更大的机翼面积和推力更加强劲的发动机来增强F-5的性能和机动性，并通过加装雷达和其它航电设备来加强它的作战能力。

世界上的F-5系列战机

通用电气公司在1962年开始了J85发动机的研制计划，并在1963年对考虑安装更大的压缩机进行了测试。但是在当时，国防部和美国空军都不支持诺斯罗普公司在还没有发挥更换发动机后的F-5的优势的情况下就自作主张要求研制更为强大的F-5的建议。

因此，第六架F-5B被通用电气租用，用来作为新发动机的测试台。这架飞机进气道进行了扩大，并对其进气道和发动机舱进行了修改，同时由于增加了额外的翼根区域，从而增加了翼展和机翼面积。很快一对实验型YJ85-GE-21发动机便安装在飞机上开始进行测试。这款实验用的发动机被称为YF-5B-21。最后测试证明新的发动机确实能有效地增加推力，并在1969年3月28日安装到F-5上进行首次飞行测试。

上图："虎Ⅱ"战机在中东卖得很好，像巴林、伊朗、沙特阿拉伯和约旦。F-5E/F（图中）在约旦皇家空军中至少装备了5个中队

后来国会又提出要求，需要一种继"自由战士"之后新的国际先进战斗机，并要求通过竞争来进行挑选。于是在1970年2月26日，美国空军邀请了8家公司来竞标。整个竞标过程持续了6个月，最后国防部采用了诺斯罗普公司的设计方案。美国空军于1970年正式宣布选择诺斯罗普公司的飞机作为对国际战斗机的需求（由先进国际战斗机需求重新命名）。一份带有初始的固定资金加上一些奖励机制的合同于1970年12月8日签署完毕，合同要求一共生产325架这样的飞机。单座的F-5A-21在12月28日被正式命名为F-5E。

第一架F-5E于1972年6月23日在霍索恩（Hawkthorne）出厂，并于1972年8月11日进行首飞，比预期的时间早了4个月（本来是定在1970年9月首飞的）。由于拦阻索没能钩住飞机，因而没能通过审查。为了减少飞机的重量，诺斯罗普重新对后机身进行了设计，不得不在新的发动机尾喷口处使用昂贵的钛合金材料。这不仅增加了销售价格，还延迟了研发进度。但是市场对新飞机的强烈需求使得订单比预期的还要高，这大大出乎美国空军的预料，从而有效地减少了损失。

不幸的是，J85-GE-21发动机的可靠性没有预想中的那么好，并在8月频频发生故障。这导致大家对在9月21日至12月16日期间的试飞审查能否顺利进行产生了怀疑。之后虽然恢复了试飞测试，但是到1973年4月25日之前，这款发动机一直得不到正式的使用许可。在1973年空军接收的13架F-5E战斗机中，有6架用来进

上图：F-5E和F系列还有由进口国改装的RF-5E战机已经在新加坡共和国空军服役了20多年了。这些战机都涂有鸢型的徽章，代表第144飞行中队。这些F-5最初用于空中防御，但是在F-16战斗猎鹰开始移交之后，它们开始扮演战术战斗机的角色。

行测试，其他7架进入了战术空军司令部（TAC）的训练部队。因为战术空军司令部想在F-5E的"同胞兄弟"F-5B之外再成立一个由架F-5E组成的部队。第一架F-5E于1973年4月4日进入第425战术战斗中队（TFTS）服役。第425战术战斗中队（TFTS）与之前的第4441战斗机组训练中队（CCTS）扮演的是同样的角色，即为F-5的购买国家提供机组乘员的训练。

F-5F——"虎"式的兄弟

生产F-5E所需的工具与F-5A具有75%的通用性，但是飞机的零件数量只有40%是相同的。虽然F-5E拥有很高的性能而且装备了不同的航电设备，但是诺斯罗普一开始并没有预期到客户对双座型号的需求，即"虎"式Ⅱ型。但是，最初的使用经验很快表明F-5E与F-5B之间的性能差别还是很大的，而且两者之间的操纵感觉很不一样，因而十分有必要研制一款基于F-5E的双座型号的战斗机。1973年5月15日，美国空军获得了国会的允许，同意诺斯罗普公司有关研制一款双座型虎式Ⅱ飞机的建议。

诺斯罗普公司不是简单地换装一个F-5B的机头来完成这架教练机的生产，而是选择重新开展一个全新的双座前机身的设计。他们选择将前机身加长了42英寸（107厘米）以容纳第二个驾驶舱，而不是像对T-38和F-5B所做的那样将前驾驶舱向前移动一段距离、占用一些机头航电设备和安置机炮的空间。这使得F-5F能够保留F-5E上的20毫米机炮（出口用机炮），但是只能装载大小只有原来一半的140发弹药箱。驾驶舱的后座比前座（位于T-38和F-5B之上的）要高10英寸（25

厘米），从而能给教练员提供更好的前视视野。后驾驶舱除了装有全套的第二套操纵杆之外还装有一个雷达显示屏。

F-5F在1974年9月25日进行首飞。不同寻常的是，第二架F-5F紧接着第二天也完成了它的首飞。这两架飞机参加了爱德华兹空军基地有关F-5E/F-5F的联合作战测试，且整个过程进行得十分顺利，没有发生任何问题。F-5F比F-5E稍重，因而起降性能相比F-5E也稍差。

下图：这架装有响尾蛇导弹的F-5E属于大量交付给朝鲜共和国空军的众多F-5E中间的一架。韩国空军列装了68架F-5E，在当地被称作空中霸主（Cheggoong-ho）。注意它扁平的机头雷达罩，正是由于它的截面呈椭圆形，从而消除了方向稳定性的问题，特别是在大攻角下的稳定性问题。这种构型也沿用到了后期F-5E/F的生产中。

西科斯基公司
The Sikorsky story

简介
Introduction

首飞于1959年的西科斯基 S-61 反潜直升机是世界上最成功的中型运输直升机之一，目前仍在许多国家的海军中服役。

当在康涅狄格州斯坦福的西科斯基公司开始为美国海军制造SH-13"海怪"系列直升机（包括国际上的S-61和美国空军在越战中参与救援工作的HH-3E"Jolly Green Giant"的直升机家族）时，美国军方忽然尝到了直升机技术发展的好处。"海王"采用了水陆两栖机身，在机舱上方装有两个螺旋桨发动机并且配备了先进的飞行控制系统。

该系列的原型机首飞于1959年3月17日。第一种型号（美国海军命名为HSS-2，1962年更名为SH-3A）主要用来装备反潜（ASW）传感器。这些直升机被分配到战舰甲板上，在水面上巡逻，警惕来自潜艇的攻击。格鲁曼公司的S-2 Tracker和洛克希德公司的S-3"海盗"也

上图：在1962年引进的三军飞行器命名规则中，HSS-2被命名为SH-3A。图中为60年代三架美国海军反潜机型HS-3的早期型号SH-3A在编队飞行。

有同样的任务。37架CHSS-2"鬼怪"在加拿大进行测试，大部分更新了新的ASW起落架并重命名为CH-124。

美国海军的"海王"直升机在1962年服役。在60年代初开始进行反潜任务，大量的"海王"直升机从专门运送反潜直升机老的木质甲板上起飞，例如USS"兰道夫"（CVS-15）。在历史年代早期到中期，之后的"海王"被装备成各种型号进行运输、扫雷、无人机或者宇宙飞船回收（包括在飞船进入轨道或月球后将宇航员从海上救回）、电子监视以及其他作战任务。反潜仍然是主要任务。美国海军的型

号包括YSH-3A服务测试机型、SH-3A、SH-3D、SH-3G以及SH-3H、318原型机等型号，一直服役了四分之一个世纪，直到最近才被西塞科斯公司的SH-60F取代。"海王"系列最后的机型为SH-3H，装备有838磅（380千克）的武器弹药，包括Mk 46或者Mk 50鱼雷。

所有的"海王"系列，至少开始的时候，都是用来反潜的，除了9架越战时

上图：147137是XHSS-2的原型机。该机型首飞于1959年3月17日，本应命名为"HS2S-1"，但是最终被美国海军定名为HSS-2，用来暗示与HSS-1"海蝙蝠"（S-58）具有部分共性。这款老式的机型同S-62具有相同的传动系统和旋翼系统，S-62是一种单引擎机型，由S-61演变而来。事实上，HSS-1和HSS-2除了制造商并没有什么相同之处。

期的HH-3A战场救援机型和一些去除了作战装备用来进行运输任务的SH-3G机型。爱德华·梅尔叙莱上校在越南南方民族战线的领域上进行高危救援飞行，关于HH-3A机型在传动器装备装甲以及"几架"该型号装备有RHAW（雷达自动导航警告）接收器的信息并没有让梅尔叙莱上校感到多少安心。梅尔叙

莱上校经常担心前面没有装甲："如果你能够看到有人在你前方，你就会觉得自己被骗了。"令人惊喜的是只有一架HH-3A在越战中坠毁。

海军陆战队机型

美国海军陆战队也配备少量"海王"直升机，主要用来重要人物的接送工作。1965年的VH-3A"海王"机型在1976年被VH-3D机型所取代，用作总统专机，当总统登机后被称为"海军陆战队一号"。

海军和海军陆战队的"海王"直升机有相同的识别特征，这让它们同空军的型号很容易区分：所有的海军和海军陆战队的机型在机身后都是流线型的，只被尾翼

下图：美国空军的第一架H-3机型是CH-3A（远USN SH-3A），用于近海雷达支持任务。

部分用作起落架的轮子打断。

与之相反，在西科斯基S-61R系列机型上装有后部的活动舷梯以及安装在机头下部的机轮，另外也装备有可以收到机侧突座上的主起落架机轮以及可载重2000磅（907千克）的绞盘。装备有两台1502马力（1119千瓦）通用电气T58-5涡轮轴发动机的S-61R系列军用直升机同首飞于1960年3月31日的S-61L民用直升机在外观上极其相似。最著名的美军机型是HH-3E（尽管也装备有CH-3C运输机型）。美国海岸警卫队装备有该机型，称之为HH-3F"鹈鹕"。所有的军用直升机，无论其开始的用途如何，迟早都会用来进行搜救任务。这也是美国海军的反潜直升机"海王"的第二任务，但是对于HH-3E以及在许多国家服役的S-61来说，救援却是基本任务。

上图：CH-3C 62-12577直升机展示其机身后部向上弯区的货物装卸舷梯。CH-3C是装备美国空军的第一款H-3机型。基于向美国海军陆战队提供的HR3S-1机型，CH-3主要用来执行无人机的掩护和运输任务，该型号是之后的HH-3E搜救直升机的原型。

在1967年9月9号，杰拉德·杨上校驾驶HH-3E"绿巨人"号执行一次特别救援任务，结果他的直升机遭到了地方炮火攻击并被击落。杨倒挂在座舱中落到地面，身上的衣服被点着了，机身燃烧起来，上面布满了弹孔。他最终逃了出来，随后又在敌方严密的火力下救了一名幸存者，这也让他成为唯一一名获得荣誉勋章的H-3驾驶员。

对于一个处在危险中的幸存者来说，没有什么比看到一架"海王"在头顶上盘旋轰鸣并放下救援人员更幸运的了。数千人由于S-61的救援幸存下来。在越南，

上图：9架RH-3A机型被美国海军用来利用拖拽设备进行扫雷技术测试，之后发现动力不足，被RH-53机型取代。

HH-3E深入到敌军阵地，穿越地方的火力封锁来救援受伤的士兵。

国外的生产

意大利授权生产的S-61型号同美国海军的SH-3系列（装有后轮）相似。部分使用方具体指定意大利生产的奥古斯塔/西科斯基直升机机型，装备有Sistel雷达、AS12、海上杀手Mk2或者Exocet导弹。大约390架该型号直升机命名为ASH-3D和ASH-3H，由奥古斯塔公司制造，装备意大利海军。日本三菱公司生

产的机型（命名为HSS-2、-2A、-2B，S-61A和S-61AH）主要执行反潜，搜救以及在南极圈的协助支持任务。

西科斯基公司生产的S-61军用机型超过770架，其他包括英国的韦斯特兰航空公司等制造商一共生产了400多架。当英国皇家海军寻找一款补充威塞克斯（Wessex）的反潜机型的时候，美国的西科斯基公司同英国的制造厂商继续就S-61开展合作是很自然的事情。军用的S-61、H-3以及"海王"的各个型号在一共30个国家服役，西科斯基和授权生产的韦斯特兰公司各生产了大约一半的数量。

下图：NH-3A 148033被用来作为美国海陆联合项目的高速测试机。注意该型号装有涡轮喷气发动机以及在主旋翼下方安装有短翼。

西科斯基以及授权生产机型
Sikorsky and licence-built variants

　　"海王"及其系列机型作为西科斯基最成功的直升机型号之一将在历史中永远流传下去。在它悠长和光荣的服役生涯中，基本的型号设计是在授权后的日本三菱公司和意大利奥古斯塔公司中进行的，促使了一系列型号的诞生，每一个型号都比之前的型号更加出色。

XHSS-2

　　针对当时还没有命名的"海王"直升机的最初的合同规定需要生产1架原型机及6架预生产机，但是随后马上修订为生产10架试验机。1962年年初，在美国海军的命名规则中，"海王"的原型机（14137）被定名为XHSS-2，"HS"表示反潜直升机，第二个"S"是西科斯基的工厂代号。把"X"放在首位表示了目前的实验状态。XHSS-2同之前的YHSS-2和之后的HSS-2区别并不大。西科斯基针对基本

RH–3A

根据与海军武器局的合同，9架SH–3A被改装成RH–3A进行排雷任务。RH–3A在机身右侧安装有巨大的货舱门，在机舱后部开有观察窗。特别中队HM–12专门操作该新机型。RH–3A是第一款可以回收其拖拽式扫雷装置的机型。HM–12中队的3架RH–3A装备于美国反潜舰Ozark号上（在大西洋中），3架装备于Catskill号上（在太平洋中）。剩下的3架用于测试及训练。RH–3A证实了排雷直升机概念的可行性，但是同巨大的雷区相比，其飞行范围还是太小。1972年，RH–3A被马力更加强劲的RH–53取代。

SH–3D

在SH–3A之后SH–3D从斯坦福的生产线上出厂，是一款升级加强后的"海王"反潜直升机。SH–3D装备有新款的AN/APN–182"海豚"声呐，取代了老式的AN/APN–130款。另外还装备了AN/ASN–50航向参考系统。结构上的改进使其载重达到20500磅（9300千克）。武器减少到两枚鱼雷，但是被安装在可变的发射架上，这样就在低空悬停或者前飞时均可发射。西科斯基公司在1987年开始对起初的26架SH–3D直升机进行服役年限延长计划（SLEP）。这个价值一亿美元的计划重点提升了直升机的可靠性和可维护性，改进后的机型被命名为SH–3H。更换了主旋翼头，并升级了主变速箱。除此之外，尾旋翼变速箱、驱动轴和主要的伺服电机都进行了更换。装备了抗冲击座椅，另外还装备了紧急照明系统，以便在夜间出动的时候使用。在美国海军收到该机型之前，西班牙重新装备了6架SH–3D。剩下的4架后来被升级为SH–3G以及之后的SH–3H型。90年代，一些多余的SH–3D被出售到巴西用以更换海军的S–61D机型。

VH-3D

VH-3D于1976年开始服役，当时匡提科基地的海军陆战队的HMX-1是唯一的总统直升机座驾。杰拉德·福特总统是第一位搭乘Vh-3D的总统。总统直升机小队被分成两部分，顶部白色的是供总统、副总统以及外国首脑使用的，顶部绿色的被国防部用来进行重要人员的运送。VH-3同改进后的"海上种马"和"海上骑士"的服役情况大致相同，主要用来运送情报人员、媒体人员和货物，而由于"海王"的种类、空间、舒适性和速度更有优势，因此被用来进行重要人员的运送。

SH-3H/UH-3H

开始时SH-3H只是针对SH-3D的服役年限延长计划（SLEP）的产物，但是之后该计划很快被扩展为包括进行新设备更新等内容，SH-3H也被看作新一代的反潜直升机型号。该型号进行了6个反潜功能方面的升级，装备了新的反舰导弹侦测系统（ASMD）、12个机体方面的改进，以及对SH-3G型号特点的通用化改装。另外在机身右侧装有额外的前窗，同SH-3A所装备的一样。SH-3G的通用化改装包括可拆卸安装的简便声呐装置，安装了15人的座椅以及可装110加仑（416升）的翼下辅助油箱。SH-3H升级计划最终完成了163架，包括SH-3G以及之前没有改装的SH-3A以及SH-3D。武器选项包括两发水雷或深水炸弹，或者是一发重型深水炸弹。有些SH-3H不装备反潜系统，而是改名为UH-3H执行通用任务。

三菱公司 HSS-2（S-61A，S-61AH）

日本海上自卫队（JMSDF）是"海王"直升机的固有用户，用以侦测来自经常出现在日本海岸的苏联潜艇编队的威胁。日本日益发展的航空工业使进行授权生产的吸引力越来越大。在1962年4月，西科斯基公司和三菱公司就授权生产达成协议，并与海上自卫队确定了11架HSS-2的订单。三菱公司最开始授权生产"海王"型号是标准的S-61B，同美国海军的SH-3A大致相同。三菱公司一共生产了55

架，第一架样机于1964年3月24日交付海上自卫队。HSS-2一共装备了5个中队，在1986年退役，最后几年的时间里主要用于联络通信、通用及训练任务。HSS-2A同SH-3D相同，在1974年末交付使用，目前已经退役。HSS-2B同美国海军的SH-3H很像，这种先进的反潜直升机一共生产了83架。装备有扩展范围后的反潜磁性探测器（MAD）系统，以及在中心天线上装有可收缩天线罩的探测雷达。服役中的HSS-2B最明显的特征是并不常见的进气口布局。1965年两架三菱公司生产的S-61A交付使用，之后第三架以及一架S-61A-1也很快交付。这些直升机是在破冰船Fuji号上使用，用以协助日本在南极圈开展的科考任务。S-61A以及S-61A-1在横须贺的破冰船Shirase号上继续服役。1983年年末，12架本地生产的S-61A-1装备用于搜救工作，命名为S-61AH。该型号有独特的喷涂，底部为砖红色，上表面为灰色，在座舱前后装有玻璃。搜寻灯（或者FLIR传感器、摄像机）可以装在左起落架突座的挂架

SH-3G

SH-3G在1970年问世，是一款更加通用的直升机，但仍然保留了SH-3A的反潜能力，可以运送15名乘客或者大量货物。SH-3A的AQS-10声呐探测器被移除，但是仍在机身里面，如果需要的话可以重新安装。开始有11架SH-3A改装成SH-3G，之后又增加了94架，合计达到了105架。少数SH-3G由SH-3D改装而来，仍保留了原来的AQS-13声呐探测器。所有的SH-3G开始都有SH-3A形式的短突座，没有电磁探测系统（AMD）或者烟雾制造系统，之后有些装备了长的AMD突座。在

短翼下面额外加装了可载175加仑（662升）燃油的一对油箱，用以使用悬停飞行加油（HIFR）系统。机舱底板进行了加强，可以安装舱门机枪。最早的6架SH-3G可以安装7.62毫米口轻的机枪，但是大部分的只能安装M60机枪。第9特遣队HC-1的SH-3G被用来进行阿波罗15号宇航员的返程工作，这是SH-3G第一次执行太空回收工作。HC-2的SH-3G在海湾战争中进行了多方面的任务，获得了一系列"鸭"的绰号，包括148047"野鸭"、149731"沙漠之鸭"、"灰尘之鸭"以及"秘密之鸭"。一些SH-3G被改装成SH-3H，但是基本的型号还在使用当中，同大量SH-3H进行运输任务。

S-61D-3/4（SH-3A/SH-3H）

巴西在1970年一共购入了4架S-61D-3（与美国海军的SH-3D大致相同），之后又购入了2架。该机型替代了西科斯基HSS-1型号。这6架西科斯基公司生产的S-61D之后又增加了4架意大利生产的直升机以及2架原美国海军的SH-3D直升机。该直升机以常规标准装备，包括机头雷达和AM39 Exocet导弹基座。1978年年初，阿根廷一共购入4架S-61D-4（美国海军的SH-3D的出口版本），之后又购入第5架，装备为内阁重要人员使用。在1978年2月另外4架SH-3D交付使用，其中两架装备有雷达。阿根廷之后购入的"海王"都是奥古斯塔公司生产的，同H机型大致相同。

奥古斯塔公司（AS-61）

　　怀着对"海王"能力极大的兴趣观看了美国海军第六中队在地中海的飞行后，意大利决心引入"海王"系列。AS-61A-4是一款用以出口的多用途直升机，可以执行搜救、人员货物运送任务。委内瑞拉装备4架该机型，用以进行战术运输任务。委内瑞拉空军增加了西科斯基生产的SH-3D机型。伊朗空军同样也采用了AS-61A-4机型，但是进行了反潜配置，同意大利海军的ASH-3D外观上大致相同。在机身下方仍然保留了声呐装置，并在机头装备了搜寻雷达，在机头下装有"海豚"雷达。目前大约只有10架"海王"还在伊朗海军中服役。意大利空军使用两架VIP配置的AS-61为教皇提供意大利境内的交通运送。意大利海军装备的直升机同西科斯基公司生产的SH-3D（S-61D）反潜机型大致类似，但是装备有不同的引擎和雷达。在1967年订购了24架之后，第一架在1968年开始服役。西科斯基生产的SH-3H在美国海军服役的巨大成功促使意大利海军将"海王"购买订单中剩下的机型升级为SH-3H。同样的，意大利海军之后的直升机被更名为ASH-3H。ASH-3H的主要反潜探测器是AWS-18声呐系统，具有360°同时搜寻能力，同时意大利的"海王"可以发射Exocet和Marte Mk 2两种导弹。意大利海军将要用英意联合生产的EHI EH101取代"海王"系列。

美国部队的战场搜寻救援型直升机
US service / CSAR

作为西科斯基公司最成功的设计，"海王"系列具有良好的多功能多用途特性，分别服役于美国海军、空军、陆军、海军陆战队以及海岸警卫队。在越战中由美国空军装备的"绿巨人"率先进行了战场搜寻与救援（CSAR）任务。

命名为XHSS-2的"海王"反潜作战直升机首飞于1959年3月，之后的YHSS-2的HSS-2变化并不大。9架YHSS-2（在1962年重命名为YSH-3A）于1961年在帕图森河海军航空站进行早期飞行测试。

在1961年年初进行的为期一周的大西洋沿岸航行中，两架YHSS-2在美国军舰Lake Champlain号上完成了舰载适应性测试。在限制条件下仍可以进行水上着陆，"海王"是美国海军第一架全天候直升机。

右图：美国空军需要一款在越战中进行空军人员搜救任务的直升机，HH-3E应运而生。图中所示直升机服役于阿拉斯加指挥部。

海军型号

第一架HSS-2于1961年装备于HS-1中队。HS-2——另一个早期使用方——率先使用"海王"从驱逐舰上进行空中加油，因此该中队也获得了美国海军的嘉奖。

上图：反潜直升机HSS-2（SH-3A）最终被SH-3D所取代，如图所示。装备有升级后的发动机、新的声呐和附加燃油系统，一共有72架SH-3D"海王"最终装备到美国海军中。

第一架SH-3A（从1962年开始更名为HSS-2）交付的时候全机喷涂为深蓝色，机头采用荧光涂料，带有尾翼挂架；在越战中被改为三色伪装涂装或者是跟战舰一致的灰色涂装。SH-3A装有Mk46或Mk48鱼雷，或者一个原子深水炸弹，包括1200（544千克）的空中投掷设备。245架次的生产数量也让SH-3A成为H-3系列中数量最多的。

一架SH-3A被NASA用于无人飞行技术的发展测试，之后装备了机头雷达被USCG用于实验测试。

在美国海军中服役的小型"海王"机型包括HH-3A武装战场搜救直升机，在1970年部署于菲律宾的HC-7中队；一架NH-3A高速测试直升机在机身上装有涡轮喷气发动机，在1965年4月的飞行中达到了242英里/小时（390公里/小时）的速度纪录；NSH-3A空中回收系统测试直升机被用来进行回收卫星拍摄舱；9架RH-3A

扫雷直升机取代HM-12进行扫雷任务，直到1972年被RH-53取代。

美国海军的"海王"反潜机群在1966年更新为72架SH-3D，之后从1972年开始又更新为新一代的SH-3H反潜/搜救直升机。SH-60F对SH-3H的取代工作从1989年开始，尽管前者仍在海湾战争中服役。SH-3G是一款15座多用途直升机，仍保留反潜能力。UH-3H是一款专门的多用途直升机，由退役的SH-3H升级而来，满足了对多用途直升机的需求，由于过剩的SH-60机身缺乏，该需求有所提高。

美国空军型号

美国空军与H-3的关系开始于1962年对三驾原美国海军的SH-3A的需求。命名为CH-3A，主要用于对得州海岸雷达站进行协助。1962年，这三架直升机与执行该任务的其他新产直升机统一命名为CH-3B。CH-3B雷达协助直升机取代了之前的

下图：S-61/H-3在水上着陆并不是经常进行的。对于该种操作，直升机需要很稳定的水面环境，并且很容易侧翻和下沉。

上图：VH-3E被命名于一小部分美国空军的CH-3E型号直升机，用于进行重要人员的运送。图中所示直升机服役于安德鲁斯空军基地的第一直升机中队

活塞发动机直升机，由第551飞行中队操纵。一架CH-3B，代号Otis Falcon，途径拉布拉多半岛、格陵兰岛、冰岛以及苏格兰飞抵巴黎，打破了直升机穿越大西洋的时间和路程纪录。

CH-3C是第一款专门为美国空军设计制造的H-3系列直升机，并且是第一款在机身后部装备货物舱梯的型号。美国空军最初的CH-3C在1963年10月交付，该机型开始时用于无人机回收、大地测量以及协助民兵站点。

在佛罗里达州帕特里克空军基地的直升机小分队用于双子星太空飞船的发射以及其他飞船的飞行任务。CH-3C与美国海军陆战队的KC-130F飞机进行了第一次空中加油测试，是HH-3E"绿巨人"搜救直升机的基础。在越南战争中，美国空军的CH-3C每月运载400000磅（181440千克）的货物。部分黑色涂装的"Pony Express"直升机为美国特种部队进行支持协助任务，其他的利用MARS设备进行无人机回收工作，1964—1975年一共回收了大约2655架无人机。

MH-3E，命名于1990年，是基于HH-3E的特殊任务直升机。该直升机装有前视红外（FLIR）探测仪和GPS导航系

下图：美国海军、空军和陆军都将H-3作为无人机回收平台来使用。有人甚至提议将H-3本身作为目标无人机QCH-3来进行使用，用于AH-64的设计练习，但是由于资金缺乏该计划并没有实现。

统，参与了沙漠风暴行动，并喷涂有浅棕色伪装。该直升机之后被MH-60G取代。

其他的使用方

服役于美国海岸警卫队的装备有雷达的HH-3F"鹈鹕"搜救直升机首飞于1967年，之后一直服役30年之久。美国海岸警卫队装备有总计大约40架"海王"，装备有远距离无线电导航系统（LORAN），有些装有前视红外（FLIR）探测仪。最后一架HH-3F装备有Nitesun探照灯，用于戒毒任务。

海军陆战队HMX-1的绿白喷涂的VH-3D

上图：三架原美国海军的SH-3A在1962年4月转交于美国空军。由第55飞行队驾驶，用于支持洋近海岸雷达平台。

重要人员运送直升机在1976年取代了之前的VH-3A，用于美国总统的运送任务。

绿巨人

为了满足美国空军对于越战中战场搜救直升机的需求，HH-3E在完成第38部队的战场评估后开始服役。该机型基于CH-3C，针对作战需求进行了升级以提高耐受性和作战范围。增加了大约1000磅（454千克）镀钛装甲并装有舱门机枪。安装有大容量油箱，可以通过可伸缩的空中加油管进行加油。第一架HH-3E于1965年11月5日在越南交付到第38部队。HH-3E在越站的服役过程中获得了"绿巨人"的绰号，救了许多

被击落的空军人员。在一次值得纪念的作战中，技术军士唐纳德·史密斯在试图搭救一名坠机的F-100飞行员时，其钢丝绞索遭到敌方火力攻击，他在更换了一架直升机后救回了飞行员以及机组成员，因此获得了空军十字勋章。陆军中校罗亚尔·A.布朗在他第二次参加战争中救回的第16名士兵使其得到嘉奖，他总共的救援数量达到32名。HH-3E在美国空军和警卫队一直服役到1994年，直到被西科斯基HH-60取

代。最后的HH-3E服役于驻扎在佛罗里达州帕特里克空军基地的第一飞行特遣队。

韦斯特兰公司
The Westland story

在20世纪60年代中期与美国直升机制造商西科斯基公司达成的S-61授权生产协议使四架美国制造的直升机运送到韦斯特兰公司作为测试用机。

英国的第一架"海王"直升机是SH-3D（系列编号G-ATYU/XV370），于1966年10月11日在艾文茅斯码头首飞。另外三架（编号XV371-373）作为英国皇家海军"海王"HAS.Mk 1（HAS.Mk 261）发展计划的一部分用于反潜系统的测试。

下图：1966年10月，在韦斯特兰首席测试飞行员斯利姆·西尔斯的操纵中，四架西科斯基公司提供的SH-3D中的第一架开始从艾文茅斯码头前往约威尔的首飞之旅。三年后，韦斯特兰公司制造的"海王"HAS.Mk 1首飞。

合计生产了56架的西科斯基"海王"HAS.Mk 1（XV642-677/XV695-714）直升机于1969年5月7日开始服役，之后从1976年中期开始13架HAS.Mk 2（配备有升级的劳斯莱斯Gnomc H.1400涡轮轴发动机和六桨叶旋翼）开始服役，1977年9月空军首批15架HAR.Mk 3战场搜救直升机开始服役。1979年年初，另外8架HAS.Mk 2，包括一架HAS.Mk 5反潜直升机开始服役，皇家海军的许多"海王"直升机也被升级到HAS.MK 5/6或者HAR.Mk 5级别。

从20世纪80年代中期开始新生产的HAS.MK 5和HAS.Mk 6最终使皇家海军的"海王"反潜直升机的数量达到113架。HAS.MK 5装备了安置在更大的平顶整流罩中的Thorn-EMI海上搜寻雷达、拉卡尔MIR-2"橘子作物"电子支援测量系统、新的声呐浮标投放设备以及GEC-Marconi AQS902 LAPADS声学系统。增大了机舱用于新设备的安放。HAS.Mk 6装备了升级的反潜系统，降低了重量，这样可以增加30分钟的运行时间。其他的一些升级措施包括将"橘子作物"电子支援测量系统升级为"橘子收割者"，声呐的下潜深度从

上图：第一架韦斯特兰公司生产的"海王"（G-ATYU/XV370）直升机几乎是西科斯基SH-3D的海军版本。之后的三架（XV-371-373）被用于皇家海军的反潜系统测试，向皇家海军交付量产的HAS.Mk 1于1969年5月开始。

左图："海王"AEW.Mk 2是对机载预警雷达平台的迫切需求的结果，并且是有效的，可以在舰队侦查范围外探测到地方飞机和导弹。

245英尺（75米）增加到700英尺（213米）。

在1985年装备另外三架HAR.Mk 3搜救型直升机后皇家空军一共有19架"海王"直升机。其中包括一架1980年伯恩莱斯帝国试飞员学校订购的，之后被转交至第202搜救中队，之后转交至第22搜救中队。皇家空军在1992年年初的另外一个订单增加了六架升级后的HAR.Mk 3A，是"海王"再生产的产物，提供了韦塞克斯的替代品。

上图：德国的"海王"Mk 41同英国皇家空军的HAS.Mk 1型号在外观上大致相似，机舱后部为渐变的，可以容纳21名人员。第一架样机于1972年3月6日在Kiel-Holtenau的德国海军航空部服役。

攻击型号

对用于突击作战、战略和一般运输的非两栖"海王"（没有浮筒）型号"突击队员"的研发开始于1971年中期。1974年年初，第一个交付用户是埃及空军。英国皇家空军的订单从1979年开始，共计41架HC.Mk 4"突击队员"直升机。两架韦斯特兰生产的Mk 4X"海王"（ZB506/7）被用作EH101研发过程中的DRA航电设备、旋翼系统测试机，这样就使英国服役的"海王"数量达到175架。

韦斯特兰公司一共出口了147架"海王"直升机（包括"突击队员"）。德国的"海王"直升机从1986年开始由搜救型改装为反潜机型，装备有费兰迪"海浪"Mk 3雷达和英国航空公司欧洲分公司的"贼鸥"AShM导弹（反潜导弹）。这些武器也装备于印度海军的Mk 42B机型，一些巴基斯坦和卡塔尔的"海王"/"突击队员"直升机装备有AM39反潜导弹。印度海军的Mk 42B属于高级"海王"型号，装备有1465马力（1092千瓦）Gnome H.1400-1T涡轮轴发动机、复合材料旋翼

位（驻扎在卡德罗斯皇家海军航空兵基地）。

目前，"海王"仍然是英国的重要机型，不仅仅是对皇家海军而言，同时也有经济方面的因素，韦斯特兰公司继续为用户提供改进和升级。皇家海军对其五个反潜中队继续交付HAS.MK 6直升机，皇家空军也有两个中队——搜救中队和驻扎在马尔维纳斯群岛的第78中队，因此"海王"的未来是有保证的。

然后，由于英意联合生产的EH101即将面世，韦斯特兰公司并没有新的直升机发展计划。

上图：所示"海王"Mk 47直升机并不常见，服役于埃及空军。同英国皇家海军的HAS.Mk2的设备角色相比，该机型主要用于突击作战。

以及升级后的航电系统，起飞重量达到21500磅（9752千克）。

皇家海军空中预警能力的缺乏促使将两架HAS"海王"（XV650和704）改装为空中预警机型AEW.Mk 2A，装备有Thorn-EMI水面探测雷达和相关设备，包括飞鱼反舰导弹干扰器和拉卡尔MIR-2"橘子作物"电子支援测量系统。在机舱右侧安装了一个大的雷达天线罩，在地面装载时可以向后旋转90°。两架AEW.Mk 2A都在1982年7月由第824中队首飞。又有另外八架"海王"改装成AEW.Mk 2A，从1984年11月1日开始装备到第849中队，是联邦航空局传统的电子侦察单

下图：比利时的Mk 48同皇家空军的HAR.Mk 3大致相同，将德国和挪威搜救机型的机身同HAS.Mk 2的发动机和尾旋翼结合起来。在1983年，韦斯特兰公司进行了升级，安装了升级后的导航设备和前视红外线炮塔。

"突击队员"型号
Commando variants

专门的士兵运输直升机"突击队员"是作为个人的探索性质进行研发的，在英国部队对该型号产生兴趣之前就已经找到出口用户。

"海王"Mk 4X

"海王"（尤其是"突击队员"HC.MK 4）被证实是一款非常普遍的测试实验平台。这种测试直升机，包括两架特别准备的"海王"Mk 4X，开始时由范伯劳和倍德福德的皇家航空研究中心订购。这两架直升机总的来说是标准的HC.Mk 4型号，但是交付时并没有安装位于机身背部的海上探测雷达。该种雷达在直升机上不断拆卸，但是经常安装在左侧底座上。ZB507（如图所示）在尾桁右侧上部装备有远距离无线电导航系统天线，两架直升机均改变了机头形状，以便于安装适应不同的测试系统和装备。

"海王" HC.Mk 4

直到1978年，皇家海军才要求韦斯特兰公司研发"突击队员"型号直升机来取代韦塞克斯HU.Mk 5进行突击运输任务。为皇家海军研发的该直升机（命名为"海王"HC.Mk 4）是基于"海王"HAS.Mk 2的动力装置和系统，装备有H.1400-1发动机和六旋翼尾桨。主旋翼和尾旋翼的基座保留了下来。该直升机同其他的"突击队员"直升机一样具有加长的机舱，以及同"突击队员"Mk 2相同的起落架，没有浮筒。

第一架"海王"HC.Mk 4（ZA290）于1979年9月26日首飞。一共生产了大约42架"海王"HC.Mk 4，其中的2架（ZF115和ZG829）交付到波斯坎普进行测试实验以及飞行员训练任务。第一批10架（ZA290-299）于1981年9月交付使用，同第二批交付（ZA310-ZA314）的部分直升机在马岛海战中使用。"海王"HC.Mk 4是皇家海军所有"海王"系列中参战最多的，包括马岛海战、海湾战争以及在土耳其、伊朗北部和波斯尼亚的军事行动。在格兰贝行动中增加了NAVSTAR GPS系统以及一些防御设备。在行动中，舱门机枪是常规配置。

"突击队员"Mk 1（"海王"Mk 70）

1972年，Yeovil首次提出了基于地面的"海王"系列运输机型，市场部马上采用了"突击队员"这个名字。埃及签定了首批订单。"突击队员"Mk 1某种程度上说只是一款过渡机型，因为缺少了原本计划出现在"突击队员"的特征。实际上，该型号并不算"突击队员"，而更像开始的"海王"HAS.Mk 1运兵直升机，移除了声呐、雷达以及反潜设备，装备了"海王"Mk 41的大机舱，增加了燃油量。原来的浮筒、五桨叶尾旋翼和Gnome H.1400发动机保留了下来。第一架"突击队员"于1973年9月12日首飞，从1974年1月29日开始交付使用。

"突击队员"Mk2（"海王"Mk 72）

在"突击队员"Mk 1向埃及成功出口后，韦斯特兰公司逐渐将其重心转移到"海王"运兵直升机系列的出口市场。公司的主要销量在中东和远东地区，显然"突击队员"的性能表现必须与市场条件相匹配。因此，韦斯特兰公司将"突击队员"的机身与HAS.Mk 2和Mk 50的H.1400-1发动机和六桨叶尾旋翼相结合，生产出"突击队员"Mk 2。通过装备不可折叠的主旋翼桨叶和简化的固定起落架，移除浮筒，减轻了结构重量。漂浮设备由易拆卸的漂浮系统替代。将起落架的浮筒去掉也改善了直升机携带武器的性能，去掉了短翼，在起落架外侧加装了可选的翼尖加固点。与"突击队员"Mk 1相同，新型号保留了加长的机舱和加大了容量了邮箱。1974年来自埃及19架"突击队员"包括17架Mk 2的订单使韦斯特兰公司的努力得

到了回报。这些直升机有时装有滤沙器。第一架"突击队员"Mk 2首飞于1975年1月16日，2月21日交付使用。

"突击队员"Mk 2A（"海王"Mk 92）

在埃及的订单之后，1974年，卡塔尔也订购了3架Mk 2A。从各种目的和意图来看，Mk 2A同埃及订购的机型基本一致。"突击队员"的大容量机舱可以安装大量座位和担架位，最多可以放置9个担架以及可以坐下的医护人员或者不需要平躺的伤员。三个可叠放的担架同六个座椅所占空间相同。"突击队员"也有强大的货物运载能力，不论是内置或者外挂。卡塔尔第一架"突击队员"1975年8月9日首飞，10月10日交付使用。三架中的最后一架于1976年5月19日通过空运从诺顿（与前两架相同）交付使用。

"突击队员" Mk 2B（"海王" Mk 72）

两架专门为运送重要人员的"突击队员"交付到埃及军方。该机型的不同之处为在机舱右侧安装了一对窗户（一排四个）以及一个单独的观察窗口。在机身里面，座舱相当豪华隔音。第一架Mk 2B于1975年3月13日首飞，8月19日交付使用。第二架于1976年6月3日交付使用。

"突击队员" Mk 2C（"海王" Mk 92）

Mk 2C是卡塔尔Mk 2A型号的VIP版本。Mk 2C和埃及的两架VIP配置的Mk 2B在外观上没有什么区别。机身上没有喷涂任何代号，在尾桁上以阿拉伯语言喷涂有卡塔尔空军的字样。Mk 2C于1975年10月9日首飞。

"突击队员" Mk 2E（"海王" Mk 73）

"突击队员" Mk 2E是一款专门用来测试电子自动武器系统的平台，装备有意大利Selenia/Elettronica HIS-6一体化ESM/ECM系统。埃及在1978年的订单之后订购了4架该机型。第一架Mk 2E于1978年9月1日首飞。HIS-6整合了可以侦测、定位、发现在1～18 GHz范围内发射的导弹频率的RQH-5 ESM系统和TQN-2模块化干扰系统。它将瞬时频率测量（IFM）天线并入单脉冲方向搜寻系统（DF）。该系统具备自动危险测试库，可以探测多达2000种发射频率以及同时追踪50个目标。EW操纵者坐在一个精致的操纵平台后，将危险信息以文字数字和图标的形式显示到CRT显示器上。TQN-2是一款高性能的系统，可以在一共四个波段内发现、阻击和干扰对方，也可以用来控制干扰物的发射作为对策。I和J波段的天线是可以操纵的，但是其他波段的天线是固定的。

"突击队员" Mk 3（"海王" Mk 74）

除了"突击队员"的名称，卡塔尔最终的直升机同"海王"在外观上几乎没有区别，由于都具备起落架浮筒，可以收起的起落架和机身背部雷达，以及可折叠的尾旋翼吊挂。起落架浮筒和常规的不太相同，因为没有安装漂浮袋的空间。取而代之的是具备安装在浮筒外部的漂浮工具。同"突击队员"2系列相同，该直升机在座舱后部右侧保留了一个单独的额外窗口。从全方位视觉上看是半圆穹顶形的。"突击队员"Mk 3设计用来进行多功能任务，另外也执行ASV任务。该直升机可以安装飞鱼导弹，但是也可以装备其他武器，包括16发SURA火箭弹、18发SNEB火箭弹或者一对50口径的机关枪。飞鱼导弹一般是标准武器，按常规装备。第一架"突击队员"于1982年9月26日首飞，1982年11月26日交付使用。所有8架的交付工作于1984年1月4日全部完成。

韦斯特兰公司型号
Westland variants

韦斯特兰公司的"海王"型号是西科斯基公司SH-3型号的升级版。英国对该机型进行了多用途的研发工作，包括成功的反潜机型，以及其他高性能的空中预警（AEW）、ASV和搜救援助（SAR）机型。

"海王" HAS.Mk 1

皇家海军于1966年订购了56架"海王"直升机。第一架原型机XV642，于1969年5月7日首飞，之后马上开始服役。编号XV642到XV677，XV695到XV714的56架HAS.Mk 1装备有Ecko AW391搜索雷达（也被称作MEL ARI5955或者MEL轻重），安装在背部突出的天线罩中。大部分航电设备安装在机头下部。该直升机也装备了Marconi AD580"海豚"雷达，普利西195声呐、电子自动控制飞信系统（AFCS）和综合通信系统。这些升级让最基本的韦斯特兰"海王"机型也要比该机型的基础——原来美国产的SH-3D高级很多。武器系统包括四发Mk 44自动导航鱼雷、四发Mk 11深海炸弹或者一发WE177深海炸弹。即使在机身左侧装备了声呐设备，"海王"HAS.Mk 1仍能够装载11名全副武装的士兵，不装声呐的话可以达到20名，去掉客舱的话达到27名。在舱门上方可以安装载重600磅（272千克）的变速救援起

重机，可以吊载多达6000磅（2720千克）的重物。大部分留存下来的HAS.Mk 1被升级到HAS.Mk 2。所有的HAS.Mk 1在1980年年末从皇家海军中退役。

韦斯特兰"海王"HAS.Mk 2

"海王"HAS.Mk 2是首飞于1974年6月30日的澳大利亚Mk 50型号升级的直接产物。皇家海军的HAS.Mk 2使用了升级后的1600马力（1200千瓦）Gnome H1400-1发动机，拥有更加出色的性能。新的机型同时装备了新的六桨叶尾旋翼，改善了载重情况下的航向控制能力，增加了突出的挡光板。只有21架"海王"HAS.Mk 2是韦斯特兰公司新生产的，其他的都是由HAS.Mk 1改装升级而来。第一架HAS.Mk2（XZ570）首飞于1976年6月18日，第706中队于1976年9月装备了该机型。HAS.Mk 2的航电设备包括普利西型号2069声呐、Racal Decca 71"海豚"雷达、战术空中导航系统（TANS）。在HAS.Mk 2的服役过程中，航电系统做了几次升级和改装，大部分都增加了功能范围。

韦斯特兰"海王"Mk41、Mk42/42A和Mk 50/50A

Mk 41: "海王"的第一个出口用户是西德海军陆战队,一共订购了22架Mk 41用于执行搜救任务。"海王"Mk 41基于皇家海军的HAS.Mk 1机型,但是没有声呐和反潜设备。该机型通过将机身后部舱壁以及观察窗口向后移动了5.8英尺(1.7米)来加长了机舱。交付工作1973—1974年展开。在1988年结束的计划当中,20架留存下来的Mk 41在MBB进行了大面积的改装升级,具备了海上舰艇搜救能力。装备了Ferranti Seaspray Mk 3雷达用以探测超视距BAe"海上贼鸥"空对地导弹,以及Ferranti Link 2数据链。

Mk 42/42A: 印度海军一共接收了12架"海王"Mk 42,包括1971年的6架以及1973—1974年间的6架。同HAS.Mk 1大致相同,这些机型装备在哥鲁达的第330部和第336部,但是经常在"维克兰特"号行动。首批6架参加了1971年同巴基斯坦的军事斗争。至少5架"海王"坠毁,留存下来的同3架"海王"Mk

42A（1980年交付）目前服役于INAS 330。Mk 42A同皇家海军的HAS.Mk 2大致相同。

Mk 50/50A：1975—1976年，澳大利亚皇家海军一共接收了10架Mk 50。尽管该机型装备有美国邦迪克斯 Oceanics AN/ASQ-13A深海声呐和不需要降落在飞行中即可通过战舰加油的绞车控制的加油系统，但仍是第二代"海王"直升机的原型机。两架Mk 50A于1983年作为替代机型交付使用。1990年，Mk 50/50A逐渐被西科斯基S-70B-2"海鹰"取代其反潜任务。同时，该机型也更换了新的主旋翼桨叶。7架留存下来的"海王"直升机被用于多种用途，包括军用和民用搜救任务，垂直补给，运输以及协助特别行动队。

韦斯特兰"海王"AEW Mk 2A、AEW.Mk 5与AEW.Mk 7

皇家海军对战舰空中预警能力的缺乏在1982年5月4日马岛海战中"谢菲尔德"号战舰（作为雷达警戒）被击沉的事件中突现出来。因此马上建立了一个急切的项目用以研发空中预警作战平台，在11周内就进行了试飞。"海王"空中预警机型由"海王"HAS.Mk 1和HAS.Mk 2机型升级而来，主要的项目内容是I波段的Thorn EMI ARI 5980/3海上监视雷达。频率压缩捷变搜索装置同皇家空军的海上搜索机型"猎人"相同。在任何海上情况下均可探测到低空飞行的目标，在天气环境恶劣的情况下，通过优化升级依然可以发现水面目标（例如潜艇潜望镜）和速度不快的空中目标。在10000英尺（3048米）的空中，雷达针对地方飞行目标有大约125英里（200千米）的作战范围。搜索雷达的天线在倾斜滚转方向稳定，可以惊醒360°全方位观察。它被安装在一个并不常见的可充气的半圈形天线罩里，由纤维B材料制成。

可以在飞行中移动到垂直方向来从下方保护直升机，也可以移动到水平方向，在甲板和机身中间留出足够的间隙，便于直升机着陆。雷达天线体积较大，产生了部分阻力，安装雷达后的巡航速度限制到103英里/小时（166千米/小时）。原来的雷达保留下来用于导航，但是声呐被移除。AEW.Mk 2A也装备了Racal MIR-2"橘子作物"电子支援测量系统，同样也装备于ASW HAS.Mk 2机型。9架AEW.Mk 2A通过改装升级而来，第一架于1982年7月23日首飞。

韦斯特兰"海王"HAR.Mk 3/3A与HAR.Mk 5

HAR.Mk 3：1975年，皇家空军订购了15架"海王"HAR.Mk 3，用以取代之前的韦塞克斯和旋风直升机来执行搜索救援（SAR）任务。HAR.Mk 3装备有加长的机身、绞绳长度更长的绞车、额外的邮箱和观察窗口，同时还有H.1400-1发动机和六桨叶尾旋翼。该机型的航电系统同HAS.Mk 2的大致相同，但是还装有VHF无线电电台用以同警察、山地搜救队等进行通信。首批HAR.Mk 3于1978年开始服役，之后又有4架投入服役。其中6架改装后装备于第78中队参与马岛海战。这些机型装备有NVG可兼容驾驶员座舱、Navstar GPS导航仪和Racal RNS252 SuperTANS，以及ARI 18228雷达预警接收装置和分配器安装位置。

HAR.Mk 3A：HAR.Mk 3A是皇家空军的第二代"海王"搜救机型，装备有数码成像搜索雷达、升级后的飞行控制系统以及通信设备。6架订单中的首架于1993年开始服役。

HAR.Mk 5：皇家海军专门的"海王"搜救机型实际上是HAS.Mk 5，移除了大部分的反潜设备。在现役的"海王"搜救直升机中比较独特的是这四架HAR.Mk 5装备有EML海上搜索雷达。

韦斯特兰"海王"HAS.Mk 5和HAS.Mk 6

HAS.Mk 5：HAS.Mk 5的主要升级改装包括全数字化MEl X波段海上搜索雷达、普利西2069型号深海声呐和AQS902 LAPADS听觉处理显示系统。通过LAPADS系统，"海王"HAS.Mk 5可以处理来自声呐浮标的各种主动或者被动信号。一些HAS.Mk 5装备有购自西科斯基公司的美国海军SH-3H的AN/AQS-81 MAD火箭弹。HAS.Mk 5机型的机体通过之前的机身框架（包括1架HAS.Mk 1、19架HAS.Mk 2和35架HAS.Mk 2A）改装而来，另外还有30架新生产的机体。皇家海军的"海王"直升机在海湾战争中执行反水雷和ASV任务。其中两架装备有GPS导航仪、AN/ALQ-157IRCM干扰仪、M-130分配器、后警戒雷达（RAR）、安全通信电台和舱门7.62毫米口径机枪。任务设备包括Sandpiper前视红外探测仪（FLIR）、Menagerie电子对抗设备（ECM）、手动操纵温度成像设备和Demon视觉捕捉系统。机组成员扩充到包括一名水下监视人员和三名潜艇监视人员。他们能够快速进行水雷发现引爆措施。

HAS.Mk 6：HAS.Mk 6大致上说是HAS.Mk 5的升级机型。在反潜能力方面得到大幅提升，直到EH101"鹰隼"的出现。安装了复合材料主旋翼桨叶和全新的一体化战术作战系统，包括AQS-902G-DS数字化加强声呐系统，可以将来自声呐浮标的数据同具有更好深海特性的数字化2069深海声呐的数据整合。其他的新设备包括内部AIMS（一体化先进MAD系统）、升级后的IFF、升级到"橘子收割者"的电子支援测量系统（ESM）、一对VHF/UHF安全通信电台。HAS.Mk 6比HAS.Mk 5轻了500～800磅（227～363千克），这相当于增加了可飞行30分钟的额外燃油。首架升级后的HAS.Mk 6于1987年首飞，之后又有72架改装机型和5架全新机型服役。

韦斯特兰"海王"Mk 42B/42C、Mk 45/45A和Mk 47

Mk 42B/Mk 42C: 印度成为"先进海王"系列的首个用户,分两批12架与8架合计收到20架Mk 42B。该机型装备有性能优良的Gnome H1400-1发动机,复合材料主旋翼桨叶和新式五桨叶尾旋翼。其他的新设备包括两枚"海鹰"导弹发射架,MEL搜索雷达,AQS-902声呐浮标处理器,HS-12深海声呐和Hermes电子支援测量系统(ESM)。印度的Mk 42B装备于位于科钦的印度第336部,但是经常由Viraat和Vikrant战舰运送至国外使用,或者在本国的"Godavri"级护卫舰上。"海王"Mk 42C是一款多用途运输搜救直升机。其航电系统同皇家空军的"海王"HAR.Mk 3大致相同,但是在机头装有邦迪克斯雷达。1987—1988年间6架该机型相继交付使用。

Mk 45/Mk 45A: 巴基斯坦订购的"海王"反潜机型被命名为Mk 45,于1975—1977年之间交付使用。该机型同皇家海军的HAS.Mk 1大致相同。其中5架改装后用于执行ASV任务,配备了AM39飞鱼空对地导弹。该机型装备于第111中队(绰号

"鲨鱼")。此外又订购了一架Mk 45A（原皇家海军HAS.Mk 5）作为原机型消耗后的取代。

Mk 47：1974年，沙特阿拉伯代表埃及订购了6架"海王"反潜机型。"海王"Mk 47同皇家海军的HAS.Mk 2和澳大利亚的Mk 50大致相同，装备有同样的航电设备，但是保留了原来Mk 1机型的普利西195M型号声呐。1976年开始交付使用。这6架直升机驻扎于亚历山大港，进行反潜任务。埃及的Mk 47都装备有绞车，可以进行搜救任务。

"海王"Mk 43和Mk 48

Mk 43：1972—1973年，挪威接收了10架"海王"用以进行军用及民用搜救任务。"海王"Mk 43同德国的Mk 41大致相同，均基于皇家海军的HAS.Mk 1的机身框架和发动机。该机型装备于总部设在博多的第330飞行中队，主要在博多、班纳克、奥兰多和苏拉执行飞行任务。9架留存下来的"海王"被升级到Mk 43B标准，并增加了3架全新的。Mk 43B是一款混合机型，装备了MEL海上搜索雷达，安装在机头的邦迪克斯/King天气雷达、升级后的航电系统和FLIR 2000炮塔。

MK 48：比利时于1976年接收了5架"海王"直升机用于搜救任务。该机型同皇家空军的HAR.Mk 3大致相同。1976年，"海王"交付到位于科克赛德的第40分队。该机型的主要任务包括重要人员、士兵运送，伞兵空降、挂载货物运输，伤员、器官运送以及准军事、警务任务。在20世纪80年代，重新装备了符合材料主旋翼桨叶并升级了导航系统。所有的5架都装备了新的邦迪克斯 RDR1500B雷达、前视红外线系统FLIR 2000F并升级了航行设备。

H–53的发展

H–53 development

简介
Introduction

> 从美国海军陆战队对于重型攻击直升机的说明发展而来，可以在舰上使用的H–53直升机家庭在从越南战争到海湾战争的战场上给出了满意的答卷。

多用途的H–53直升机家庭的发展始于1960年10月，美国海军陆战队宣布希望用一架新型舰载重型攻击直升机代替西科斯基公司的HR2S–1。HR2S–1（后重新命名为CH–37C）证实了长期以来海军陆战队的观点，直升机是在两栖战争中理想的运送队员的工具和岸上装备。然而，HR2S–1越来越老，变得很难去维护，所

以海军陆战队决定需要寻找其他机型来替换它。

一开始，海军陆战队联合陆军、空军和海军对发展中型的三栖垂直起降运输机进行赞助。然而，发起的沃特–希勒–赖安XC–142A项目目标过大并且启动太晚，所以海军陆战队决定自己寻求一种新的重型直升机。

上图：第二架YCH-53A（编号151614）在1964年10月14日从康涅狄格州的斯特拉特福德开始，进行了此机型的第一次飞行。在量产的直升机交付之前，只有两架YCH-53A进行过试飞。

1962年3月7日由海军武器局发布了要求，海军陆战队需要一架舰载直升机，可以在半径为100海里［115英里（185千米）］的半径区域内，以150海里/小时［172英里/小时；（278千米/小时）］的速度，载重8000磅（3630千克）。它的任务是舰上和岸上之间的运输，回收损坏的飞机，人员运输和航空医学撤离。

有三家公司回应：波音伏托带来了重新设计的HC-1A，卡曼飞行器开发了英国设计的Fairey Rotodyne，西科斯基则表现出开发双涡轮S-65的意图。已经在之前为海军陆战队提供中型直升机的竞争中输掉了，西科斯基这次全力以赴以赢得这项合同。1962年7月西科斯基中标，成为了赢家。在综合考虑了技术、生产能力和价格多项因素后，海军陆战队选择了S-65。然而，由于美国海军陆战队的预算中没有足够的资金，先前签订的4架原型机的合同直到西科斯基降低研发标价才得以实现，并且订购原型机的数目变成了两架。改过之后的提议得到通过，在1962年9月24日，美国国防部宣布接受西科斯基的直升机——一项价值为9965635美元的合同，

上图：HH-53C是过渡机型HH-53B救援直升机的改进型。它的设计思路意味着其内部和外部载油能力不得不降低，但是由于装备了可伸缩式加油管，这并不会影响到其作战半径。美国第55航天救援处（ARRS）的HH-53C也支持参与了阿波罗宇宙飞船的所有任务，一旦发射后任务终止，可以对驾驶舱进行救援。

包含制造两架YCH-53A原型机：一架静态试验机身和一架实物模型。

这架西科斯基的设计由两台通用电气公司T64轴涡轮提供动力并且结合了许多在其他西科斯基设计上验证过的特点。其中有S-64（CH-54）起重直升机的主传动装置，S-56（CH-37）重型直升机的72英尺（22米）直径的六桨主旋翼和反向转矩旋翼。赢得合同的设计与它的同公司机型S-61（SH-3A）有相似的构造，但是更大一些。其首飞在1964年10月4日进行，尽

管遇到了一点问题，还是顺利地完成了测试，最早生产的型号CH-53A于1965年9月进入海军陆战队。在生产完141架"A"机型的"海种马"（Sea Stallion）后，接着生产了其他三种重型运输机改型（为美国空军生产的20架CH-53C，为海军陆战队生产的126架CH-53D和为西德生产的两架CH-53G），这些机型安装了更强大的T64发动机并有一些其他的改进。20架CH-53G在西德组装，另有90架进行特许生产。

下图：在帕图森特河进行的测试中，一架海军陆战队的CH-53A运载一架CH-46直升机。它的载重能力使得"海种马"在越南战争中回收了超过1000架损坏的飞机。

上图：RH-53D的主要任务是悬挂一个扫雷橇，用来将鱼雷拖拽到海面。然后使用直升机的一对0.5英寸（13.7毫米）口径的机炮引爆。

这架西科斯基的设计由两台通用电气公司T64轴涡轮提供动力并且结合了许多在其他西科斯基设计上验证过的特点。其中有S-64（CH-54）起重直升机的主传动装置，S-56（CH-37）重型直升机的72英尺（22米）直径的六桨主旋翼和反向转矩旋翼。赢得合同的设计与它的同公司机型S-61（SH-3A）有相似的构造，但是更大一些。首飞在1964年10月4日进行，尽管遇到了一点问题，它还是顺利地完成了测试，最早生产的型号CH-53A于1965年9月进入海军陆战队。在生产完141架"A"机

型的海种马（Sea Stallion）后，接着生产了其他三种重型运输机改型（为美国空军生产的20架CH-53C；为海军陆战队生产的126架CH-53D和为西德生产的两架CH-53G），这些机型安装了更强大的T64发动机并有一些其他的改进。20架CH-53G在西德组装，另有90架进行特许生产。

H-53改型

这些成功的经历都引起了西科斯基的注意，空军、海军和几个国外客户的兴趣也促使西科斯基公司开始设计这架双引擎直升机的专用营救和反水雷改型。对更强大、武装和防卫更充分的战斗营救直升机的需求促使了HH-53B的发展，项目开始于1966年9月。西科斯基很快开发了Super Jolly救援直升机。第一架HH-53B于1967年3月15日首飞。西科斯基继续为美

国空军制造了44架HH-53C，为奥地利制造了2架S-65C-2，为以色列制造了33架S-65C-3。

在越南战争中，Super Jolly表现出了出色的战场营救能力，在前三年的战争中，它们拯救了大约371名机员的生命。HH-53也因为参加了越南山西监狱突袭战和在柬埔寨营救出被俘的马亚圭斯机组人员而赢得了名望。在战争过程中，美国空军损失了14架CH-53和HH-53，包括被MiG-21击落的一架。战争结束后，Super Jolly被升级至HH-53H"低铺路Ⅲ"和"低铺路Ⅲ加强标准版"，能力得到了拓展。这在一定程度上是由于海军RH-53D在1980年4月营救美国在伊朗的人质时的糟糕表现。改装成"低铺路Ⅲ"的HH-53是在空军特种作战司令部最有能力的特种作战直升机。1986年，它的名字改为MH-53J以反映它现在的特种

作战的角色。

扫雷舰

经过对扫雷直升机的试验得出的结论是，只有CH-53才有足够的动力拖拽沉重的除雷设备。然而，由于越南战争中的海军陆战队需要CH-53A的支持，直到1970年冬天才对扫雷直升机海种马进行了第一次试验。15架直升机配备上合适的设备，重新命名为RH-53A，然后分派到了第十二反水雷直升机中队（HM-12）。它们在1972年2—7月之间，北越水域的除雷行动"Endsweep"中声名狼藉。后来，海军用30架特别制造的RH-53D补充了这第一

右图：给H-53机身加装一个发动机，这个简单的想法产生了一架动力大大增强的飞行器。这架测试YMH-53E（没有MH-53典型的大翼梢浮筒）能够在最汹涌的海域拖拽它的扫雷橇。

上图：从商业角度来说，CH-53和S-65C是失败的。美国航空和宇航局对这型直升机进行了改进，以展现它的商务能力，但是它最终因为太贵而无法使用。

批的RH-53A直升机。从1964年的"Nimbus Star"到1980年的"Earnest Will"，这些直升机参与了多次除雷行动。伊朗也在伊朗王下台之前，获得了6架与这些直升机大致相似的反水雷直升机。伊朗的RH-53D是最后一批对军事客户取得成功而没有重回原本的民用直升机世界的S-65。

三引擎的S-80

至1970年秋天，美国海军陆战队使用CH-53A的经历使他们确信需要一架负载能力是"海种马"负载能力1.8倍的直升机。向得到这种直升机迈进的第一步是在1967年10月24日批准的一项求购计划，需要一架有18吨负载能力，同时足够小，可以在LPH两栖攻击舰上操作。除了海军陆战队的需求之外，海军也需要一架垂直补给直升机，陆军需要一架重型直升机。

作为对这些要求的回应，西科斯基公司在CH-53上部机身整流罩中放置了第三台发动机，多出来的动力通过一个加强的传动装置传送到七桨叶的主旋翼上。由于这个建议只需要稍微改变一下机身，所以海军陆战队很快对此表现出兴趣，对此项目进行支持。然而陆军则继续关注他们自己的需求，结果是失败的机型波音-伏托XCH-62。YCH-53E在1974年3月1日进行了首飞，但是由于一套比它的前身更细致的开发和测试方案，CH-53E直到1981年2月才开始进入军队。这架新直升机在海军陆战队受到了极大的欢迎，它能够满足他们的所有期望，同时海军在1988年4月引进了这架三引擎反水雷直升机的衍生型——MH-53E。一年后，这种直升机作为S-80M-1交付于日本海军自卫队。

另外，还有一项VH-53F总统运输机的改型的提议，但是最终被取消了。

CH/RH-53的使用
CH/RH-53 Operations

CH-53为水陆两栖作战提供了重型负载能力，这使得它发展出一大批改型去满足美国空军和西德军队的要求。

在赢得了HH（X）竞争之后，西科斯基在完成YCH-53A的过程中经历了挣扎，他们面临着缺少设计人员、分包合同中的部件和政府提供的设备推迟交货等问题。直升机重量的增加推迟了首批生产的16架CH-53A原定交付日期。1965年9月，第一批产品CH-53A在加利福尼亚州圣安娜市的海军陆战队航空站交付给HMH-463中队，最初的这批CH-53A与YCH-53A相同，并且像这些原型机一样由2500轴马力（1864千瓦）的T64-GE-6发动机

提供动力。在开始加速训练和在东南亚的部署批准之前，对CH-53A进行了四个方面的开发，以提升它在战斗中的用处：（1）在发动机进气口前面安装了一套引擎空气为粒子分裂器（EAPS）的过滤系统；（2）提供了防卫武器（加装了一台共轴M60机关炮，从机身前侧两侧的舱口

右图：陆战队突袭！西科斯基公司的H-53存在的理由是为海军陆战队提供了舰上与岸上之间的快速运输。尽管H-53对于运送队员很在行，但它还是被改装为运输海军陆战队在海陆两栖突袭中用到的重型的设备。

想使CH-53A能够拖拽起CH-46这样的标准的海军陆战队中型直升机，还需要增加动力。于是，制定出的计划是要安装一台T64-GE-1发动机，这样可以运行在短时间内的最大功率达到3080轴马力（2296千瓦），而不是标准的2850轴马力（2125千瓦）。1968年开始替换这些发动机，使用一台特别改装过的3435轴马力（2561千瓦）的T64-GE-12或者T64-GE-16，这项更换更强劲发动机的过程不需要改变机身框架。

生产的CH-53A机组成员有三人（驾驶员、副驾驶员和机长），设计内部可

上图：CH-53E从美国海军陆战队的KC-130补充燃料后慢慢滑行。这表现出了此机型细致的飞行能力。尽管一些苏维埃的直升机在动力和负载能力上都超过53系列，但是种马在直升机界仍然称得上是一位巨人。

下图：对于直升机行动来说，自我保护是一个越来越重要的部分。在战场上方，侧翼发射的热辐射自导导弹是尤其危险的，比如SA-7"杯盘"（Grail），最好的反击方式就是从机身后方两侧的分配塔释放照明弹。这提供了比直升机本身更强的热源，从而引走导弹。

射击）；（3）增加了450磅（204千克）的武器以保护机上人员和机身重要部件；（4）测试了CH-53A的"飞行起重机"能力，因为越南的战斗行动揭示出对于海军陆战队最紧急的是需要一架能够拖拽回一整架飞行器，而不需要拆去一些组件或者装备以减轻重量的直升机。试验表明要

容纳38名突击队员或者42名伤员和4名陪护人员，或者8000磅（3630千克）货物。机舱长度为30英尺（9.14米），高度为6英尺6英寸（1.98米），宽度为7英尺6英寸（2.29米），并且包括一台移动滚柱式传送机和一套系留系统。外部负载重量更是达到了20000磅（9070千克）。尽管最初CH-53A是想用来作为运输直升机使用，但是从生产的第34架开始，它的作用得到了拓展，安装了承力点以拖吊除水雷设备。

上图：美国空军很快开始开发H-53空中加油的潜力，以增加此直升机的飞行范围。上图是一架HH-53正准备咬合从一架HC-130P空中加油机上垂下的加油浮筒。

除雷

美国海军收到了15架由CH-53A改装成的RH-53A。所有的机身都装有承力点和扫雷设备。海军要求进行进一步的改进，这15架"海种马"重新安上了3925轴马力（2926千瓦）的T64-GE-413涡轮轴发动机。由于这种特殊的RH-53D改型的可用性而被海军使用。在机头每一侧的管状支架上都有一个后视镜，用来在视觉上追踪悬吊的扫雷设备。另外在后部跳板上装有一个矩形隔架以防止用于拖拽的缆绳

撞到机身或者尾部旋翼上。RH-53A在海军部队被RH-53D取代后，又重新回到了海军陆战队，并且又一次重新命名为CH-53A。

美国空军的兴趣

在密切观察了海军陆战队使用CH-53所取得的进步之后，美国空军觉察到他们对这样的重型空运直升机也有同样的需求，于是为美国空军制造了20架CH-53C，要求将发动机改为3925轴马力

上图：用于搜索水雷的直升机H-53最主要的两个特点是：在机头两侧装有后视镜以观察拖吊架；一个倾斜的框架防止拖拽缆绳缠住机身后部或尾部旋翼。在专用机型RH-53和MH-53可用之前，美国海军使用改装过的CH-53A，被称作RH-53A，在HM-12中队中服役（图中）。这个分队积极参与了Endsweep行动，在这次行动期间，清除了北越区域例如海防湾的水雷。

（2926千瓦）的T-64-GE-7。这种改型在外观上与海军陆战队的CH-53A不同的是可以运载一个容量为450美制加仑（1703升）的外挂箱。CH-53C区别于HH-53的地方在于缺少空中加油探针。CH-53C首次代替CH-53A是从海军陆战队借用，以参加与第21特别行动队一起的在老挝的秘密行动，随后由战术空军司令部和美国空军欧洲部使用，用来为战术航空管制系统运送设备。此外，MAC还用它进行飞行员训练。这个机型逐渐地退出了军队，接受了一次现代化改装项目，这个项目将剩余的7架样机升级为MH-53J标准型。

更多改进

1969年1月27日首飞的CH-53D从意图和目的上看，都仅仅是一架改进版的CH-53A。它加强了传动系统以能够代替早期的T64发动机型号，一开始是用3695轴马力（2755千瓦）的T64-GE-412，然后是3925轴马力（2926千瓦）的T64-GE-413。传动装置的单台发动机工作功率为7560马力，但是增加的动力足以使CH-53D即便在高热条件下的操作不受明显限制。在生产过程中的其他改进包括使用西科斯基桨叶检查方法，这样就桨叶就不需要在特定工作小时数之后强制退役。标准机上载油能力还是两侧翼梢浮筒的638美制加仑（2363升），跟CH-53A一样，机身里可以安装1~5个330美制加仑（1136升）的过渡油箱。

德国巨人

之前一直在寻找代替陆军航空兵的西科斯基H-34和Weserflug H-21的机型，1966年，西德评估了波音伏托CH-47和西科斯基CH-53。1968年6月提出通过美国海军途径订购两架西科斯基公司制造的CH-53G，另外由VFW领导的一个国际财团特许制造133架CH-53G。不久由于生产成本过高，把要求降低到了110架，将在三个运输团中执行任务。

杰出的起重机

为了提高CH-53的能力，进行了一些改变，包括在机身中央多加了第三台发动机，进气口和排气孔在机身左侧，一套加强传动装置和一个七桨主旋翼，有加宽的舷线和加长的直径。

命名为CH-53E的这个改型内部与CH-53D的区别是有一个6英尺2英寸（1.88米）的加长机身，加宽的垂直尾翼，一个较低的水平安定面，加长的翼梢浮筒罩使储油能力从638美制加仑提升到1017美制加仑（2415升提升到3850升），并且为空中加油探头提供了一个安装在挂架上的650美制加仑（2460升）的油箱。

美国海军陆战队在1980年12月3日接受了第一批生产的CH-53E，随后在昆迪克海军陆战队航空站、切里波音特航空站，布拉格堡诺福克航空站和一个直升机降落平台上对其进行了操作性评估。

1981年2月，五个海军陆战队分队装备了CH-53E，进行岸上行动的重型运输和水陆两栖突袭行动的支援。1990年8月，在"沙漠盾牌"行动中，舰载CH-53是第一批到达冲突地点的直升机之一。它们不仅为美国海军陆战队提供空中运输力量，而且也提供给美国陆军和其他联合武装力量。

在接下来的几年中，美国海军陆战队的CH-53E将要开始与推迟的MV-22"鱼鹰"一起服役。现在CH-53E正在经历一项重大的升级项目，这个项目引进了休斯AN/AAQ-16的前视红外系统、夜视系统，并且调整驾驶舱使之与夜视镜兼容。

西科斯基公司的CH-53E传承了由CH-53A开始创立的优良传统，现在，这架直升机似乎已经成为美国所有海外军事行动的至关重要的组成部分了。

HH-53改型 "超级快乐"
HH-53 variants Super Jolly

在越南战争中，年老的HH-3已经无法胜任战争营救的工作了。所以美国空军将注意力集中到西科斯基公司的H-53，这个机型可以提供无可匹敌的动力和极大的飞行距离。

HH-53B的开发是从1966年9月开始的。促使其发展的原因是航空航天救援与恢复处急切地需要一架动力更加强劲的战斗救援直升机去补充它的HH-3E机群。与CH-53A相比，HH-53B尽量保持最小的改变，但是为了满足更大的飞行距离这个主要要求，为其安装了一个可伸缩的空中加油探头。在两侧各加装一个能装650美制加仑（2460升）的可拆卸油箱，用两个平行支柱固定在机身上。另外，加装了3台 "米尼冈" 机炮和1200磅（554千克）盔甲用于自卫。

HH-53B装备了一个营救起重设备，安装在机身前部右舷主机门上方外侧。一台 "丛林入侵者" 和一条

左图：HH-53B只建造了8架，图中是其中第一架（66-14428）。尽管可供使用的数量很少，HH-53B的成功还是获得了进一步的发展，成果就是HH-53C。

250英尺（76米）长的钢索使得此直升机不需要着陆就能够从浓密的雨林地区营救出坠落的机组人员。

第一架HH-53B于1967年3月15日首飞，在此之前美国空军部队从海军陆战队借用了两架CH-53A开始机组人员的训练。仅仅五个月以后，两架HH-53B被派遣到了东南亚，为乌隆泰国皇家空军基地的第37航空航天救援与恢复处工作。1967年年底之前，它们进行了第一次营救任务，很快证明了它们与HH-3E相比，在热高压条件下操作的优越性。HH-53B很快由HH-53C增补，后来主要被分派到CONUS的队伍。HH-53B一直使用到20世纪80年代后期，最后四架被改装成了MH-53J。

超级"超级快乐"

在加紧完成过渡型号HH-53B的开发之后，西科斯基改进了"超级快乐"的设计，生产了14架HH-53C。这些新型"超级快乐"从1968年8月开始向航空航天救援与恢复处交付，在外部来看不同之处是去掉了位于机身和吊杆之间用来支撑外部油箱的平行固定支柱。做这项改变是由于HH-53B的外部油箱引起了滚动操作的不方便，不得不更换较小的油箱，储油量

上图：为HH-53加装的空中加油探头使得它区别于其前辈CH-53。这个设备使得"超级快乐"能够在可能的救援区域上方徘徊更长的时间。

从650减小到450美制加仑（2460升减小到1703升）。幸运的是，外部油箱容量的减小并没有对直升机的任务半径和飞行持久性产生太大的影响，原因是HH-53C通常是靠飞行中补给燃料的。1970年8月15—24日，这个机型令人信服地证明了自己出色的持久性，两架HH-53C飞行9000英里（14500千米），从美国的埃格林空军飞行基地到越南的岘港空军基地，途中用两架HC-130N加油13次，中间做了7次短暂停留。

生产过程中的其他改进包括增加了一套盔甲，装备了一套更完善的无线电设备，这有助于"超级快乐"和HC-130加油机、营救指挥飞行器、战斗飞行器和坠

上图：一张珍贵的照片展现了HH-53C的一次水上营救行动，一位士兵在直升机低空悬停期间，从滑道上滑下水面。这样的操作保证了直升机尽量少地停留在危险位置。

地机组人员之间的交流。有些变化是根据战争经验的得出的，包括1972年春天引进了一套实验雷达寻的与警报系统和接下来安装的红外干扰吊舱。由于缺少雷达寻的和警报装置存在缺陷，1971年，当北越开始向非军事区附近和沿胡志明小道的部分地区运送地对空导弹和雷达制导机枪炮时问题显露出来。

尽管大多数HH-53都在执行战争救援工作，然而第55航空航天救援和恢复处的HH-53却为了支持"阿波罗"空间任务（Apollo space mission）而进行飞行，因为他们外部的货物挂钩可以承受20000磅

（9072千克）的重量，这使得它可以在发射不久后中止的情况下，救回载人舱。其他的HH-53分派到了爱德华兹空军飞行基地的空军飞行测试中心和三个测试中队（位于爱德华兹空军飞行基地的第6512中队，位于希尔空军飞行基地的第6514中队和位于西卡姆空军飞行基地的第6593中队）用于寻回遥控机舱和太空舱。夏威夷基地的6593测试中队除了用他们的"超级快乐"进行军事太空项目支持以外，还在

下图：看到的是在伦敦tower bridge上方，这架HH-53C并没有处在正常的战争环境。在过去的20年中，英国一直拥有一架HH-53，先是与HH-53C后与MH-53J一起驻扎于美国空军的伍德布里奇、本特沃特斯、奥尔肯伯里和米尔登霍尔基地。

救援行动中充分利用了HH-53C。比如在1979年3月22日，这架直升机从距夏威夷岛南部80英里（128千米）的一艘着火的船上救回了19位日本渔民。

上图：这架HH-53H"低铺路Ⅲ"是美国空军的第一架夜间/全天气直升机。它由HH-53演变而来，增加了一个机头整流罩上的传感器，以提高低空观察力。图中看到的白色炮塔用来安装AN/AAQ-10前视红外系统。

最好的特种部队机型

在HH-53B进入部队之前，对于美国空军来说一个非常明显的事实是，战争救援直升机一定要提供夜间作战和各种天气情况下作战的能力，这样才能尽快地寻回坠落的机组人员。

因此，一套有限功能的"地铺路Ⅰ"系统使用的低照度电视（LLLTV）在埃格林（Eglin）的空军飞行基地进行测试并于1969年11月安装到了乌隆泰国皇家空军基地的第40航空航天救援与恢复处的一架"超级快乐"直升机上。不幸的是，"地铺路Ⅰ"被证明没什么效果，直到1973年才出现了一个可以使用的更可靠的系统。尽管在一些特定的操作条件下，还是远不能令人满意的，这套改进过的系统终于在1972年12月21日证明了自己的价值，它使得HH-53C的机组人员得意进行他们的第一次夜间战斗营救（幸运的被救者是一架F-4J的飞行员，这架F-4J来自于VMFA-232，在老挝上空被击落）。

东南亚的战争结束之后，航空航天救援与恢复处继续与空军系统指挥部一起工作，以求为他们的"超级快乐"谋得一套更有用的夜间/全天候系统。改进的装置被命名为"地铺路Ⅱ"，于1975年6月安装到一架改进的HH-53B（66-14433）

上图：第1550航空运输训练联队1971年7月在犹他州的希尔空军飞行基地成立。这架HH-53是当时飞行的直升机之一。1976年2月，它转移到了科特兰空军飞行基地，并重新委任给第1550战斗人员训练联队（CCTW）。

上，后改名为YHH-53H。这架直升机在爱德华兹空军飞行基地接受系统测试，并且在科特兰空军飞行基地由第1550机组人员训练和机翼测试部进行操作性评估。

YHH-53H"低铺路Ⅱ"评估的成功促使这架直升机升级至HH-53H"低铺路Ⅲ"配置，并且将8架HH-53C改装至同一标准。这些工作在海军航空兵返修设备处进行，他们曾负责从这个项目开始以后所有HH-53的检查和维修工作。不久，为了顶替1984年训练事故中损失的两架HH-53H，给两架CH-53C装备了一个空中加

油探头和"低铺路Ⅲ"航空电子设备，把它们提升至HH-53H标准。

这些具有夜间和全天气行动能力的"低铺路Ⅲ"直升机于1979—1980年交付，配备了一套复杂的航空电子设备，包括得州设备公司的AN/AAQ-10前视红外系统、加拿大马可尼公司的多普勒导航系统、得州设备公司的AN/APQ-158 TF雷达、利通公司的惯性导航系统、电脑放映的地图显示系统、雷达寻的与警报系统和金属箔条/曳光弹投放器。"低铺路Ⅲ"于1986年在常绿项目中得到升级后，从HH-53H改名为MH-53H。

"低铺路Ⅲ"HH-53H直升机最初在1980年被分配到位于皇家空军伍德布里奇的第67航空航天救援与恢复处，但是很快转移到了位于佛罗里达州赫尔伯特菲尔德市的第20特种作战中队（Special operation squadron，SOS），第一特种作战联队（Special operation wing，SOW。1983年3月从战术空军司令部TAC）转移到了维修分析中心（Maintenance Analysis Center，MAC），1987年年底，第1特种作战联队开始用"低铺路Ⅲ"加强版MH-53J补充"低铺路Ⅲ"MH-53H直升机。在1999年后期，"低铺路Ⅳ"开始进入前线使用。

特殊行动和扫雷行动
Special ops and minesweeping

MH–53系列代表了可敬的H–53家庭的最新技术和最强动力，它们在美国空军和美国海军服役时执行多用途特殊行动和清除水雷的任务。

MH–53E/H/J

在美国空军2架CH–53C和8架HH–3B/C的重新组装中，西柯斯基公司的HH–53H "低铺路（精确航空电子导航设备）Ⅲ" 装备了夜间/全天候搜索营救设备。这包括一套惯性导航系统、多普勒投影地图显示器、红外和地形追踪雷达。HH–53H是1967年起开始服役的一组多改型直升机中的一员，在越南战争中表现非常出色。然而，1986年的常绿项目中，它被增加了特种部队的角色，因此重新命名为MH–53H。这是H–53大家庭中第一个完全被用于夜间行动的版本，为机组人员使用了夜视镜。

不久后决定将MH–53H和几架CH–53C升级至MH–53J标准。一部分原因是由于

右图：驻扎在米尔登霍尔的特种部队的MH–53J直升机正在英国农村上空巡航。先进的 "低铺路Ⅲ" 系统使得MH–53J可以进行低空飞行，即便是夜间或者在恶劣天气下，在敌人领地上空进行秘密行动。

气任务能力，是特种部队的飞行器。它们装备了数字航空电子设备以提高可靠性。MH-53J不同于它的早先几型之处还在于配备了一套加强的传动装置，可以吸收两台4380轴马力（3266千瓦）T64-GE-415发动机提供的功率，同时增加1000磅（454千克）的盔甲，并且最大起飞重量从42000磅（19050千克）增加到了50000磅（22680千克）。它们于1988年在佛罗里达州的赫尔伯特菲尔德首次进入部队。

战斗中的MH-53

从那时起，美国空军第1特种作战联队的MH-53H和MH-53J参加了在巴拿马举行的"正义事业行动"，将海军"海豹"特种部队空投至巴拿马城。然后在1990年3月，它们被转移到了美国空军特别行动指挥部。

在"沙漠风暴"行动中，MH-53J为美国陆军的AH-64"阿帕奇"提供导航和援助，后者作为诺曼底任务军队的成员，在海湾战争首场战役中袭击了伊拉克雷达防御基站。不久后在对抗中，它们加入了特种航空部队和美国特殊武装部队，监视备受关注的伊拉克"飞毛腿"导弹的发射。

现阶段，美国空军正在计划用新型的

上图：美国海军的MH-53表现出了从RH-53D身上继承的除雷能力。镜子位于驾驶舱前方，以便于机上人员在橇架投放下水后进行观察。

海军RH-53D直升机在失败的美国鹰爪人质解救行动中的不良表现，还有一部分原因是对HH-53H版本的不满。"低铺路Ⅲ"加强版MH-53J直升机安装了升级后的"低铺路Ⅲ"，拥有了夜间和不利天

贝尔-波音CV-22"海鹰"斜旋翼直升机替换MH-53J，尽管来自议会的资金问题一直在推迟这个新机型进入部队。不过，MH-53J在引进新机型前甚至更远的时间内都可以完全胜任军队里的工作。

水雷猎手

通过将三引擎CH-53E的机身和发动机与RH-53D的扫雷装置结合起来，西柯斯基制造出了MH-53E直升机。MH-53E的能力显著提升，因为它增强的动力系统使之与RH-53D相比，可以在更汹涌的海域拖拽扫雷装置，并且它更为先进的航空电子设备为它带来了全天气任务能力。

这种改型的开发开始于1980年，一年之后原型机进行了收费。在外形上看MH-53E与CH-53E相似，配备了更大的翼梢浮筒，内部储油量由1017美制加仑（3850升）增加到3200美制加仑（12113升）。这使得MH-53E可以用一个拖拽的滑橇连续扫雷大约4小时，同时在其军舰上工作30分钟。另外，增加的一套空中加油探头更大地扩展了这架直升机的工作持久性。像早前的RH-53D一样，通过滑橇上安装的设备，MH-53D可以处理机械水雷、感音水雷和磁性水雷。

今天，MH-53E在很多航海部队中使用。在诺福克，HM-14中队使用MH-53E；在得克萨斯州的圣体节海军航空站，HM-15中队也在使用这种直升机。

上图：一架特殊行动MH-53J直升机证明了在面对敌人红外导弹时，使用曳光弹是一种非常有效的自我保护方法。

MH-53J "低铺路Ⅲ" 加强型

　　1995年，MH-53J驻扎在英国皇家空军米尔登霍尔的第21特种作战中队 "沙尘暴"，属于第352特种作战团。它采用了全新的低红外灰色机身，取代了之前美国空军特种部队MH-53J机队的绿色 "European One" 伪装。

主旋翼

　　MH-53J有一个直径为72英尺3英寸（22.02米）的主旋翼。钛钢弹性旋翼毂可以折叠，从而完全实现船上操作能力。

外部油箱

　　两个500美制加仑（1893升）的可拆卸油箱几乎成为MH-53J的常规配置。从HH-53B改装而来的MH-53J继承了前者的油箱固定装置。

MH-53的起源

　　第一架 "低铺路" 是HH-53B "低铺路Ⅰ"，在越南战争中临近美国参战尾期进行了有限的测试。这次经历引起了航空航天救援与恢复处和空军装备司令部的兴趣，开始开发 "低铺路Ⅱ"，在1975年作为YHH-53H进行首次飞行。生产的HH-53H装备成了 "低铺路Ⅲ"，安装了AAQ-10红外前视系统、APQ-158地形显示雷达（TFR）、空中加油探头和很多现在MH-53J上的其他系统。1986年HH-53H变成了MH-53H，1987年开始进行MH-53J "低铺路Ⅲ" 加强型的升级。

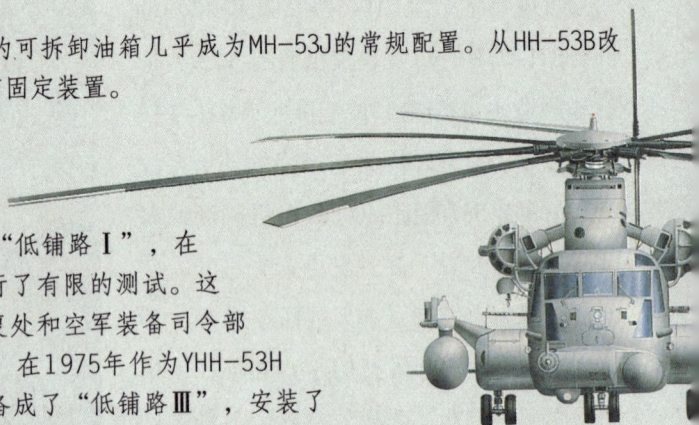

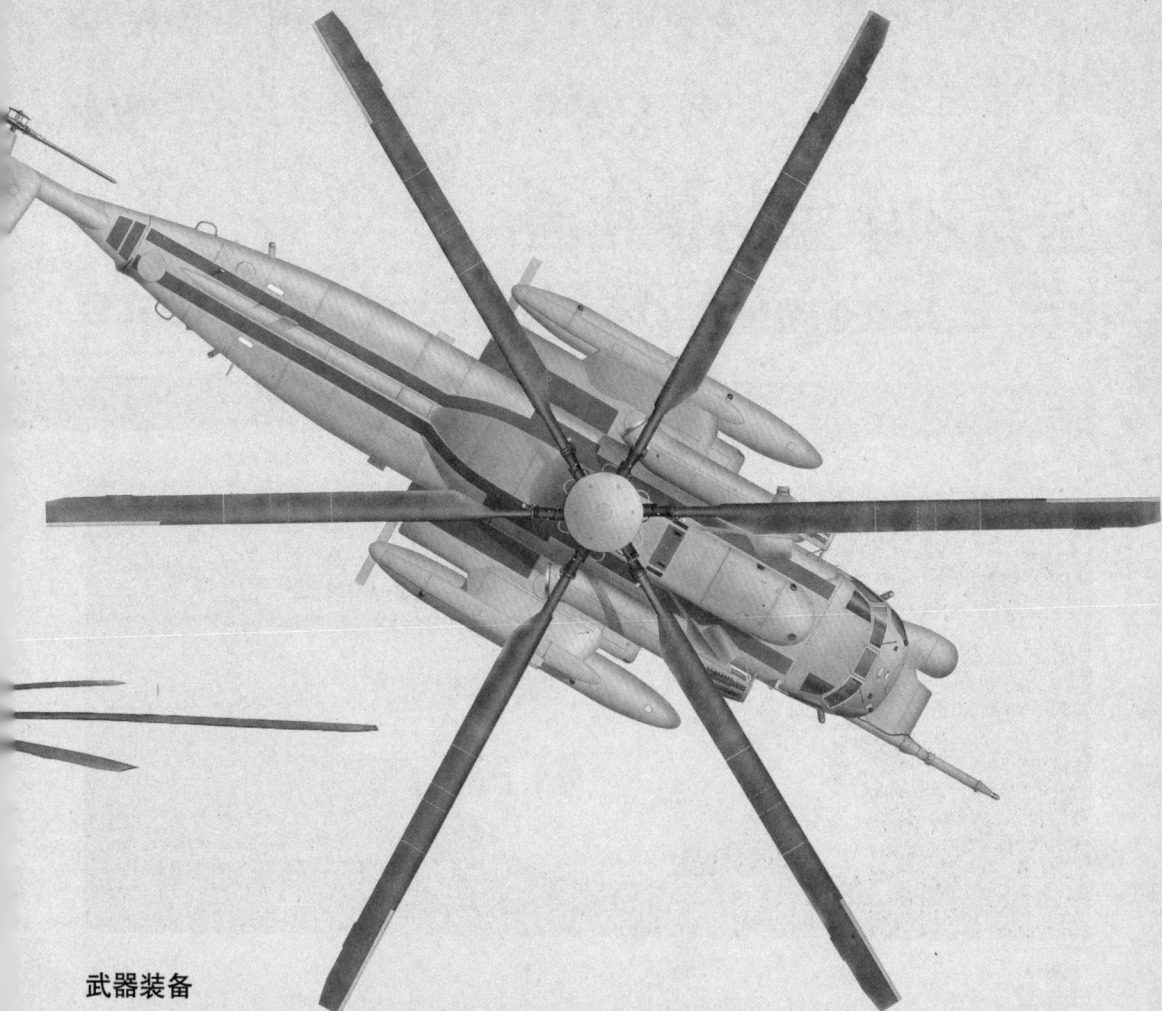

武器装备

"低铺路Ⅲ"加强型携带了三门机炮；两门7.62毫米口径的"米尼冈"机炮，位于机身两侧；尾部跳板上装有经验证可靠的0.5英寸（13.7毫米）口径的重型机关炮。尽管它的发射速率低于米尼冈，这台"50 cal"拥有更大射程和更强的杀伤力。能够携带450发子弹（包括装甲弹）。

发动机

MH-53J安装的标准发动机是两台4380轴马力（3266千瓦）的I64-GE-415发动机，并且配备了大功率的传动装置。这与CH-53A上功率为2850轴马力（2125千瓦）的T64-GE-6发动机相比是一项显著的提升。但是与三引擎机型CH-53E相比它又显得黯然失色了，CH-53E的三台T64-GE-614发动机提供的总输出功率为13140轴马力（9789千瓦）。

远东和中东的使用者
Far Eastern/Middle Eastern operators

日本（Kaijo Jieitai——日本海上自卫队）

日本是三引擎S-80唯一的海外客户，购买了11架S-80M-1版本。这种机型大致与美国海军的MH-53E海龙相似（尽管缺少空中加油探头），用于反水雷任务。第一架是在1986年订购的，在1990年11月30日交付给日本海上自卫队，是由三菱公

司组装的。在Dai 51 Koku-tai进行完测试后，MH-53机队被分配到了岩国空军基地的Dai 111 Koku-tai，用来代替KV-107，后者从1974年起就扮演反水雷直升机的角色。任务装备包括扫雷橇架，拖拽在飞行器后部。安装有凸面镜，机舱内的机组人员可以观察橇架的起落过程，同时装有一管0.5英寸（13.7毫米）口径的机炮用来引爆升到水面上的水雷。

伊朗（伊朗海军航空军）

19世纪70年代，伊朗从美国得到了一大批武器装备。在购买的武器中，有六架RH-53D扫雷直升机，这些直升机与美国海军的同型号直升机相似，也配备有一个空中加油探头（尽管没有安装），拥有使用多种Edo扫雷系统的能力。编号为160099至160104，这六架直升机是在生产S-80之前的最后一批双引擎的S-65。这些直升机于1975年订购，分配给了伊朗行军梯队6-2701至6-2706。在伊朗皇家海军中，它们由在哈尔克岛的反水雷中队使用。在1979年伊朗国王倒台后，美国的维护和零件支持都撤回了，除了RH-53D，在几架美国海军的RH-53D在鹰爪人质解救行动中被遗弃在"Desert One"降落跑道上时，受到了最为意外的支持。到1988年，活跃集群降至两个，但是在2004年重新降至两个之前，一度达到了四至五个。很明显，伊朗既没有成功获得备用零件，也没有对需要的项目进行转换工程。

以色列（以色列国防军/空军）

在1967年法国停止"超级黄蜂"（Super Frelon）的进一步交付时，以色列将目标转向S-65C-3，并获得了33架。这些直升机拥有空中加油探头，与HH-53C相似。由于对"海燕"印象深刻，Yas'ur是它在以色列国防军/空军的命名，以色列为其机队增加了两架从奥地利购买的S-65C-2。1991年海湾战争后，以色列收到了其他10架直升机——前美国海军陆战队的CH-53A。从1992年5月起，以色列飞机公司的Yas'ur 2000升级项目带来了42架直升机，这些直升机不仅将发动机和传动系统升级至CH-53D标准，还安装了一个新的任务计算机、电子战系统、新的驾驶舱显示系统和新的自动驾驶仪。这些武装在泰勒诺夫的Tayeset 114和118部队使用。

下图：以色列的S-65机群已经升级至CH-53D-2000标准，添加了一套Elisra电子战装置并进行了其他的改进。

欧洲的使用者
European operators

上图：近几年，德国的CH−53经常参加联合国和北约组织的行动，现在在伊拉克北部和南部、索马里、克罗地亚、波斯尼亚和最近的科索沃进行服役。这三支前线军队是属于陆军航空兵三旅的，这些军队的一些装备处于快速警报状态，其中就包括CH−53。至少要为紧急救伤任务装备一架警戒飞行器。

德国（陆军航空兵）

面对替换皮亚塞茨基（Piasecki）公司的H−21和西柯斯基公司的H−34的问题，西德军队在1968年6月选择了S−65，进入了成为最大海外客户的程序。由西柯斯基提供了两架完整的直升机，另外有20架是在施派尔（Speyer）的VFW−Fokker

将可拆卸的装备进行组装，还有90架是完全在Speyer制造的，总计112架。命名为CH-53G，这些德国直升机与CH-53D相似，但是缺少空中加油探头和翼梢浮筒上的油箱。第一架CH-53在1973年3月进入军队，分配到了重型运输任务。在90年代后期，20架CH-53进行改造，加装了自我防御装备。此外，为联合国维和行动增加了可夜视的光照和外部油箱，新版本命名为CH-53GS。2001年，这个机队在莱因（Rheine）的1./HFR 15，劳普海姆（Laupheim）的1./HFR 25，门迪西（Mendig）的1./HFR 35和布克堡（Buckeburg）的Heeresfliegerwaffenschule（陆军航空学校）进行服役。

奥地利（Osterreichische Lufrstreitkrafte）

奥地利购买了两架S-65C-2（也命名为S-65Ö），类似于美国空军的CH-53C。最初他们是想用于解救紧急灾难，于1970年交付。尽管很有效，但是对于奥地利政府来说过于昂贵，被卖给了以色列，在1981年5月15日开始飞行。

沃特A-7 "海盗" II

Vought A-7 Corsair II

概述
Introduction

A-7"海盗II"在"沙漠风暴"行动中完成了它最后的战斗任务，在此之后，它就被搁置在了一旁，以腾出空间来研制新一代高科技战机。它在大量对抗中获得了极高的荣誉，时至今日，依然被许多人怀念。

这款具有扁平鼻子的娇小的A-7飞机已经不再在美军服役了。但是在其服役的30年间，这款独特的A-7参与了每一场战斗，并以此确立了其作为一流亚音速歼击机的主导地位。

飞行员称其为SLUF（短粗丑胖子），并且十分热爱这款飞机。地面战役指挥人员也很喜欢A-7，因为它带来了新的精度标准，当它对某个目标释放炸弹时，炸弹经常可以命中距"友军"很近的敌方部队。

"海盗"II的实惠的涡扇发动机为它

起落架提供支持。尽管其外表看似有些尴尬，但除了当时最为先进的连续的导航和武器输送系统（NWDS）以外，这其实是一种非常传统的设计。

飞行员的座位非常靠前，处于机鼻的尖端，当然也在前轮的前部，因此他——或者她，自1974年美国海军首次接收女飞行员以来，A-7是第一架由女飞行员驾驶的战斗机——甚至不能从驾驶舱看到后掠翼。它的能见度非常好，并且当其在地面滑行和在机场或航

上图：A-7"海盗"II拥有悠久的并令人骄傲的历史，从越南战争到"沙漠风暴"，它参与了美国的每一次主要行动。这款深受欢迎的飞机的高精确度引起了人们的强烈怀念。

提供了一条能够在敌军领地任意游荡并随意攻击的"腿"。当A-7在1967年的"北部湾事件"中替代了小小的A-4"天鹰"之后，飞行员突然发现，它们有足够的燃料在越南北部地区随意漫游。并且此时，由于它的高精确度，再也不存在太远的目标，也不再拥有因太小而不容易击中的目标了。根据20世纪60年代中期的标准，在全世界的空军部队开始发展"智能导弹"之前，这种A-7"海盗"II就是一个"智能"的炸弹轰炸机。

A-7是一款直通中上单翼飞机，其后掠翼飞行表面为空中加油和狭窄的三轮

下图：希腊有4支部队使用包括 E和 TA-7H 改型的A-7飞机。希腊和葡萄牙（之后这一飞机的另一个欧洲使用者）的A-7飞机的主要职责是反舰战斗。

空母舰周围以某种状态飞行时，SLUF非常容易操作。

"海盗"传统

A-7"海盗"II除了缺乏足够的动力来匹配其优秀的机身、武器牵引能力、武器精度和打击范围以外，其本应是一个辉煌的设计。尽管SLUF后来改进了发动机的型号，但依旧无法提供足够的推力来给飞行员带来令人满意的灵活性范围。

A-7"海盗"II来自于得克萨斯州达拉斯市的一家拥有数十年的美国海军战斗机研发经历的公司，即沃特公司，它由在1930年去世的Chance Milton Vought所创建。1964年，美国海军基于其很受欢迎的F-8"十字军战士"超声速战斗机，选择了沃特公司来制造一种新型的攻击机。新的飞机被曾设计出"十字军战士"的设计团队在绘图板上设计出来，具有很大的家族相似性，但是缺少了其前身的优雅和美丽。一位评论家嘲笑说，"海盗"II只有一个与"十字军战士"不完全相同的地方，这一定是因为"有人踩在了'十字军战士'的蓝图上"。

第一架预生产的"海盗"II在1965年9月27日完成了首飞，这距离其前辈"十字

上图：编号Bu No.152580的YA-7A是第一架原型机，它于1965年8月13日在位于达拉斯的海军航空兵基地被推出LTV机库，同年9月27日完成了首飞。为了纪念沃特（Chance Vought）公司在第二次世界大战中的F4U"海盗"战斗机，它被命名为"海盗"II。

下图：A-7K是基于A-7D飞机，以对作战人员进行培训而发展的双座飞机。这款飞机共生产了31架，只在空军国民警卫队（ANG）进行了装备，而图中的这架样机（A-7K原型机,编号73-1008）是位于亚利桑那州的ANG第152战术战斗机训练中队的一部分。

上图：这架A-7E正在飞越阿拉伯半岛以对伊拉克的目标进行打击的途中，飞机上武装有"响尾蛇"和普通炸弹。在1991年的"海湾战争"中，只有基于"肯尼迪"号航空母舰的两个美国海军轻型战斗机部队使用了A-7。

军战士"的首飞几乎刚好十年。当时，越南某个基地迫切需要美国的支援，因此早期的A-7在首飞之后的两年内就进入了战区。

A-7的导航和武器交付系统按今天的标准来看相当原始，但是在1967年，这是世界上最先进的系统。飞行员都非常高兴他们能够真正地"抛掷"一枚炸弹，无论目标是特定建筑物还是一座桥的中心，甚至是一个拥挤的区域。激光制导和其他精确武器的发展与A-7在航空母舰甲板上的出现发生在同一时期，随着时间的推移，"海盗"II也拥有了携带"智能"炸弹的

能力。

在一个典型的任务中，一架"海盗"II可携带1000发其内置的通用电气公司的M61A1加农炮的弹药，并且在6个机翼挂架和2个机身挂架上可装备高达15000磅（6804千克）的炸弹或导弹。当它携带8枚500磅（227千克）的炸弹时，A-7在清洁状态下的最大速度为661英里/小时（1065千米/小时），作战半径为550mile（885千米）。其满载起降重量为42000磅（19051千克）。

尽管沃特公司此前的客户中并没有美国空军，美国空军仍然选择了A-7（尽管那个时候还没有"海盗"II这一绰号）。在越南，美国空军的SLUF飞机在"桑

下图：在从跑道扬起的烟雾中，这架A-7E正在准备从肯尼迪号航空母舰上起飞。飞机的外挂点上装配有弹射式三弹挂弹架，其上装有集束炸弹；而防御性的AIM-9"响尾蛇"导弹则装于机身导轨。

迪"任务中完成得非常出色，该任务是护卫在敌方控制区搜救坠落飞行员的救援直升机。当一名飞行员在空中加油机的帮助下完成了连续飞行9个半小时的任务后，A-7的长航程也被证实。

最后的疾风

A-7已经成为了空军国民警卫队的主要飞机，且在希腊和葡萄牙也是如此。后来，泰国得到了曾在美国海军服役的飞机。少量样机被用于训练和电子战。

在"海盗"II飞行生涯的晚期，正是在"沙漠风暴"行动——美国海军最后一次在战斗中使用这款飞机——的前一年，沃特飞机制造并试飞了两款几乎重新设计的更先进的原型机，其拥有带有加力燃烧室的发动机和新型航电系统。飞行测试显示了其优秀的前景，但当时数字时代已经到来，更新的战斗机已经达到了新的负载能力、范围和精度的新标准。第二代"海盗"II从未投入生产。

下图：在越南战争中，"海盗"II首次投入战斗。在这次冲突中，由于其高超的性能，A-7的荣誉得到了捍卫。

在国外的A-7
A-7s abroad

沃特的A-7"海盗"II主要执行海上打击和近距离支援任务，随着当前前线部队在欧洲和亚洲的飞行，它已经证明了其作为陆基攻击平台和防空装备的多功能性。

上图：除了在美国海军和空军的成功装备，A-7"海盗"II仅有三个外国使用者：希腊，葡萄牙，还有后来的泰国。曾经有一段时期，"海盗"II被认为适合装备巴基斯坦和瑞士军队。A-7G就是针对瑞士而提出来的，并且瑞士方面于1972年在埃曼曾评估了两个修改过的美国空军A-7D飞机。

巴基斯坦

　　1976年，在沙特阿拉伯的部分经济支持下，巴基斯坦被提供了一共110架全新的A-7"海盗"Ⅱ飞机。但飞机的交付要依赖于巴基斯坦放弃购买法国核燃料后处理工厂的计划，这个条件被当时的巴基斯坦总理布托拒绝。因此，A-7的销售计划被美国总统吉米·卡特撤销，同时他还设法阻止后处理工厂的销售。之后，卡特政府决定向巴基斯坦提供100架F-5E，但继而这项提议又被新的巴基斯坦国家元首吉安将军所拒绝。美国和巴基斯坦的关系在此期间逐渐恶化，并最终导致了巴基斯坦退出东南亚条约组织（SEATO）和中部公约组织（CENTO），美国在伊斯兰堡大使馆也遭到焚烧。20世纪70年代后期，在大量美国交付的B-57"堪培拉"的支持下，巴基斯坦空军部队（Pakistan Fiza'ya）被迫将其"幻影"5PA和ⅢEP作为优化地面攻击的角色。1983年，巴基斯坦开始接收南昌A-5C强击机，一个与"海盗"Ⅱ有类似性能的专用于地面攻击的飞机。

泰国

　　作为最新的沃特A-7用户，泰国皇家海军航空部队（RTNAD，或者叫Kongbin Tha Han Lur Thai），在1955年接收了14架前美国海军A-7E海上攻击机。此外，还接收了一共4架前美国海军的TA-7E双座教练机。目前，所有这些飞机都配备给了乌塔帕海军航空基地104中队。在对南昌A-5强击机和升级了的A-4"天鹰"进行评估以后，1994年早期，泰国方面与美国海军签署了一份价值8160万美元（204万泰铢）的合同。在位于梅里迪安的美国海军航空站进行了飞行员和技术培训，并在位于佛罗里达州杰克逊维尔的美国海军航空仓库对"海盗"进行重新涂装之后，第一架泰国的TA/A-7E于1995年7月被交付，并在梭桃邑海军基地乌塔帕104中队服役。一个越战期间的前美国空军机场拥有泰国唯一的长度足够支持A-7起降的跑道（6560-8200ft/2000-2500m）。实际上，TA/A-7E飞机是泰国皇家海军航空部队及其前身装备的第二款沃特"海盗"，20世纪30年代，泰国海军航空兵曾装备过V-93S"海盗"双座双翼机。

葡萄牙

    葡萄牙的A-7P"海盗"II机队独特地保留了20毫米的小马勃朗宁马克12加农炮和早期的A-7A/B型的TF30动力装置，但结合了电子套件、HUD和符合A-7D/E的导航。最初的针对葡萄牙空军（FAP）的A-7P项目包含50套TF30-P-408带有动力装置的机身，以及备件个支持设备。根据一份1982年的价值1.98亿美元的合同，沃特公司翻新了20个库存的A-7A机身，并使其更加现代化。第一批20架飞机的交付开始于1981年年末，并在1982年中期全部交付。第二批30架A-7P从1984年10月开始交付。A-7P机队最初的驻地为位于葡萄牙海岸附近的蒙特瑞尔的第5空军基地（BA5），由曾经执飞F-86的第51航空组第302中队来执飞。机队的维护工作由位于里斯本城郊的Alversa工厂来提供。针对FAP的双座TA-7P改型机从1985年5月开始交付。目前，在蒙特瑞尔的BA5，TA/A7P机队被重新分配给了第302中队和第304中队。与此同时，葡萄牙还追加了另外20

架A-7A的订单，以作为备用资源。FAP"海盗"II的任务是为海上行动提供战术空中支持（TASMO），利用机身侧部装备的AIM-7P"响尾蛇"空空导弹进行空中封锁（AI），以及空中进攻/防御支持（OAS/DAS）。通过引入AGM-65A"小牛"飞弹，其精确打击能力得到加强。针对防御任务，这款飞机配有AN/ALQ-101干扰吊舱，以及标准的雷达告警接收机（RWR）和箔条/曳光弹投放器。在针对防空优化的F-16"战隼"装配第210中队之后，FAP的A-7P开始长期部署于亚速尔群岛［位于拉日什（Lajes）的第4空军基地（BA4）］，以实践其反潜技能。在1993年6月T-38"禽爪"退役之前，配有响尾蛇导弹的"海盗"II机队由前者来提供支援。葡萄牙空军的最后一架"海盗"II于1999年7月9日正式退役，在"和平大西洋II"项目之下，它用16架前美国航空维护与重建中心（AMARC）的F-16A与4架双座F-16B取代了它的一个"海盗"II中队。

希腊

瑞士不购买A-7的决定导致希腊成为A-7"海盗"II的第一个出口客户。希腊空军（Elliniki Polimiki Aeroporia，EMA）的第一架A-7"海盗"II(编号：159662)在1975年5月6日由沃特公司的试飞员吉姆·里德完成了首飞。针对希腊生产的单座"海盗"II被命名为A-7H，其交付依照1974年发起的一个项目来执行，在1977年第60架单座A-7H样机抵达雅典之后，这项交付最终完成。希腊的第一架双座A-7H"海盗"II（TA-7H）交付于1980年7月，与此同时，希腊方面还利用始于1978年的无偿援助资金购买了相应的产品支持。首批交付的为5架具有全新机身的双座飞机。希腊最初有三个中队装备了A-7H，分别是以希腊东北部色萨利的拉里萨为基地的第110飞行联队第354"英仙座"中队，以及位于靠近克里特岛伊拉克利翁的苏达湾基地的第115飞行联队第388中队和第340中队。首批5架TA-7H（基本上类似于美国海军的TA-7C）一经交付就被现有的A-7H中队瓜分了，有两个中队分得两架。而这三个中

队中，第388中队只短暂使用了TA/A-7H，之后就换装了F-4"鬼怪"II。今天，希腊的"海盗"II分布于希腊空军5支战斗机—轰炸机部队中的4支（另一支，即第361中队装备的是塞斯纳T-37B/C）。在20世纪70年代中期到80年代间交付的60架单座A-7H和5架双座TA/A-7H中，约有45架还在服役。这些飞机主要在苏达湾基地的第340"狐狸"中队和第345"暴风"中队中。与此同时，在阿拉克索斯，第335"老虎"中队和第336"奥林巴斯"中队还装备了约70架前美国海军的A-7E和TA-7C，这些飞机在1993—1994年间交付，以取代TF/F-104G"星"式战斗机。这些美国海军剩下的飞机在交付希腊空军之前，在美国海军杰克逊维尔航空站进行了返修。它们被交付给了希腊这两支最后的"星"式战斗机部队，其"星"式战斗机在1993年3月最终退役。位于苏达湾基地的这两支"海盗"II部队的任务是取代F-84F来进行海上攻击，并通过装备AIM-9L"响尾蛇"导弹扮演着次级空中防御的角色。在1990年，苏达湾的第340中队参加了一次与英国皇家空军Wittering基地第1中队的GR.Mk 5"鹞"式战斗机的交流。目前，这一TA/A-7H机队与经验丰富的T-33A教练机队、前纳粹德国空军的Do 28D机队以及一支AB 205A搜救分队共享苏达湾基地。虽然希腊已经表示出其在升级和使"海盗"II更现代化方面的兴趣，但随着美国空军赞助的YA-7F计划的结束，任何旨在增加机队有效性的重大举措似乎都不再可能。